黄河水利委员会治黄著作出版资金资助出版图书

流域水权制度研究

姚傑宝 董增川 田 凯 著

黄河水利出版社

内 容 提 要

本书以流域为主体,分析了流域水权制度的特征,重构了流域水权制度体系与制度安排,对流域水资源的使用权制度、交易制度和水权监管制度等进行了研究,对我国以用水目的为标准确定的初始水权配置优先位序予以重新界定,确定了流域初始水权配置优先位序的规则。基于公平、环境与效率,提出了初始水权配置的两步合成法,即通过行政手段与民主协商相结合向用水户配置初始水权,通过拍卖途径对剩余水量进行竞争性市场分配。提出以流域为单元建立水权交易所,探索性界定了流域水权交易所的公司性质、组织形式与运作模式。在流域水权制度框架下,研究了排他性的水环境资源的使用权制度和排污权交易制度;建立了水交易和水污染物排放权交易的博弈分析模型。

本书可供水资源、经济、水利规划与管理、环境管理、水行政等方面的科研人员、高等院校相关专业学生和研究生、行政管理人员和其他相关人员阅读参考。

图书在版编目(CIP)数据

流域水权制度研究/姚傑宝,董增川,田凯著.—郑州:
黄河水利出版社,2008.4
ISBN 978 - 7 - 80734 - 334 - 9

Ⅰ.流⋯ Ⅱ.①姚⋯ ②董⋯ ③田⋯ Ⅲ.流域 -
水资源管理 - 研究 - 中国 Ⅳ.TV213.4

中国版本图书馆 CIP 数据核字(2008)第 009055 号

出 版 社:黄河水利出版社
　　　　地址:河南省郑州市金水路 11 号　　邮政编码:450003
发行单位:黄河水利出版社
　　　　发行部电话:0371 - 66026940　　　传真:0371 - 66022620
　　　　E-mail:hhslcbs@126.com
承印单位:河南省瑞光印务股份有限公司
开本:787 mm×1 092 mm　1/16
印张:12.5
字数:218 千字　　　　　　　　　印数:1—1 000
版次:2008 年 4 月第 1 版　　　　　印次:2008 年 4 月第 1 次印刷

定价:30.00 元

序

　　我国是世界上 13 个最贫水的国家之一。近一时期,随着经济社会的高速发展,水资源短缺问题日益突出,已经成为制约经济发展的第一瓶颈。同时,我国水资源利用率不高,农业用水中约有 50% 的水被浪费掉;工业用水重复使用率仅为先进国家平均水平的一半;全国 90% 以上城市水域存在不同程度的污染。用水浪费和水污染加剧造成了我国日趋严重的水危机。

　　用水浪费和水污染加剧问题的深层次原因,缘于水权虚位。随着我国社会主义市场经济体制的建立和经济市场化程度的提高,传统计划经济体制下形成的水资源产权制度已不适应市场经济的需要。《水法》规定,水资源属于国家所有,但《水法》对水资源的使用权、经营权、收益权、转让权等权利没有明确界定,造成水权不明晰。对于公共资源,古希腊哲学家亚里士多德就指出了公共资源的缺陷问题:"许多人共有的东西总是被关心最少的,因为所有人对自己东西的关心都大于与其他人共有的东西。"同样,由于长期以来,我国的水资源被无偿或低价使用,导致产权关系不受重视,管理难以到位,使用效率不高;由于产权不明晰,使得资源有偿使用的机制难以建立,造成水资源浪费和水污染日趋严重。

　　水权制度创新是解决水权虚位的根本途径。美国著名经济学家曼昆设想出了"公有地悲剧",并认为,一个更有效和更简便的办法就是把公共所有牧场的产权分配给每家,使之边界清晰,就可以解决"公有地悲剧"。曼昆的明晰界定的产权制度对市场经济条件下的经济效率确实具有重要意义。因为产权制度是经济运行的根本基础,有什么样的产权制度就会有什么样的组织,什么样的技术,什么样的效率。只有通过水权制度创新,水权(包括排污权)必须依法获得,其交易必须依法进行,才能从根本上实现水资源配置方式的变革,才能从根本上解决用水浪费、水环境恶化等问题,才能实现水资源的可持续利用。

　　姚傑宝等同志撰写的这本专著,以流域为主体,给出了流域水权制度的概念,分析了流域水权制度的特征,重构了流域水权制度体系与制度安排,对流域水资源的使用权制度、交易制度和水权监管制度等进行了研究;确立了流域初始水权配置优先位序的规则;提出了初始水权配置的两步合成法,即通过行政手段与民主协商相结合向用水户配置初始水权,剩余水权通过市场途径进行配置;提出以流域为单元建立水权交易所,界定了流域水权交易所的公司性质、组织形式与运作模式;在流域水权制度框架下,构建了排他性的水环境资源的使用权制度和排污权交易制度;建立了水权交易和水污染物排放权交易的博弈分析模型;结合黄河流域水权转换实例,对黄河流域的水权制度、初始水权分配、水权交易以及水权监管等方面做出了有益的探索。

　　水资源产权制度是一个十分复杂的课题,许多问题还有待进一步研究和探索,相信本书的出版能够对于深入认识和研究流域水权制度,促进以有限的水资源支持流域经济社会可持续发展目标的实现,起到积极作用。

前　言

　　水、土地、企业国有资产等，由于物的属性与稀缺程度不同，其相应的产权制度也不一样。水资源是一种多功能的动态资源，并以流域为单元构成一个完整的循环体系，这是水资源的客观规律。因此，本书根据水资源的自身规律，以流域为单元开展水权制度研究。

　　没有资源的稀缺性问题，也就没有经济领域的交易及制度。比如空气目前就不存在资源的稀缺性问题，因此也就不会存在交易问题以及相关的配置和交易制度问题。不同流域，水资源的稀缺程度不一样，其对应的水权交易及制度也就不同。比如在某些丰水流域，如果不存在水资源的稀缺性问题，流域内的用水户可以随意用水且该流域的水还用不完，那么用水户就不会到水市场上买水，水权交易市场也就难以建立，在这样的流域研究水权制度意义就不大。在我国，每个流域都有着自身相对完整的自然生态环境系统和不同的水资源稀缺程度，有的流域水资源总量丰富并且供需基本平衡，而有的流域水资源十分短缺且时空分布不均。所以，以流域为单元研究水权制度更具有针对性和现实意义。

　　我国是个缺水国家，人均占有量仅为世界人均水资源量的1/4。而且，我国又是一个用水浪费严重的国家。农业用水占全国总用水量的80%，有些地区农业用水采用大漫灌方式，约有50%的水被浪费掉；工业用水长期效率低下，是发达国家的5~10倍；生活中用水浪费现象更是比比皆是。尽管全国不少地方颁发了节水条例，对节约用水工作提供了法律保障，并推动了节约用水工作的开展，但建设节水型社会的效果并不显著，因为未从根本上解决用水浪费问题。

　　我国不仅是个缺水国家，同时，水污染问题进一步加剧了我国日趋严重的水危机。全国有1/4的人口饮用不符合卫生标准的水。据《2006年中国水资源公报》，对我国境内约14万 km 河流水质进行评价，Ⅳ类水河长占13.4%，Ⅴ类水河长占6.5%，劣Ⅴ类水河长占21.8%。与2005年比较，全国水质总体状况变化不大。其中黄河、辽河、淮河、松花江和海河5个区水质较差，符合和优于Ⅲ类水的河长占30%~42%。由于产权关系模糊，尽管颁布了《中华人民共和国水污染防治法》，对水污染治理了许多年并取得了很大成绩，但从总体上看,水质污染状况仍未得到根本改善。

水资源浪费严重与利用效率不高和水污染日趋严重的深层次原因,在于现行水资源利用中的产权制度存在着结构性缺陷,难以起到对用水浪费、水污染的约束作用和对提高用水效率的激励作用与对水污染的控制作用。

以诺思为代表的新制度经济学家认为,制度是影响经济发展的根本因素,制度创新是现代经济增长的根本原因。中国改革开放 20 多年的进程实际上是在寻找一种好制度。在过去传统的计划经济时代,我国把注意力放在技术创新和技术改进上,认为经济发展仅仅是技术创新的过程和结果,而没有在做出有利于创新的制度安排上下工夫,结果是我国长期的经济落后的状况未能从根本上得到改变。1978 年以来,我国在农村实行土地联产承包责任制,对我国农村在 1978 年以前几十年形成的土地公共资源产权管理制度进行了突破,从而使我国农村发生了翻天覆地的变化;我国大中型企业按照所有权与经营权分离的思想和进行股份制改造,使国有企业经营机制发生了深刻变化,并使大多数大中型国有亏损企业摆脱困境,也是对新中国成立以来在国有企业公共产权管理制度的突破。以上两方面的历史实践经验告诉我们,无论什么样的经济改革,如果不是在公共产权管理制度方面进行探索,就难以获得改革成功。我国在土地和国有企业等公共产权管理制度方面获得的成功改革实践证明,中国通过由传统的计划经济制度变革为有中国特色的市场经济制度,极大地改变了中国人的生存方式和生活方式,在经济上取得了举世瞩目的成绩,可以说产权制度创新是实现经济可持续发展的基本保证。

在经济发展过程中,技术创新和制度创新是密不可分、互相促动的。马克思主义和新制度经济学关于技术创新和制度创新的理论告诉我们,技术创新和制度创新是两个不可分割的范畴,制度创新和技术创新是同样重要的。一个部门、一个单位、一个企业乃至一个国家要想获得持续发展,必须同时进行技术创新和制度创新,并使二者步入良性循环轨道。

水权制度是影响流域社会经济发展的非常重要的因素。受水利产业自身特点及我国现行经济制度特征的影响,在我国水利经济转型过程中,制度创新的作用往往显得更加重要。我国《水法》规定,我国的水资源属于国家所有,并规定水资源的所有权由国务院代表国家行使。在我国水资源属于国有的前提下,如何按照我国社会主义市场经济体制和市场化程度的要求进行水权制度创新,以解决用水浪费与日趋严重的水污染问题,提高水资源的利用效率和实现水资源的可持续利用,是需要深入探索的。本书参考我国在农村土地和国有企业等公共产权管理制度方面的成功模式,尝试揭示水资源产权的内在机理,试图在我国社会主义市场经济条件下建立水资源的所有权与使用权分离制度,使其产权清晰,以此构建我国以流域为单元的水权制度,利用市场机制提高水资源的使用效率与合理配置,即在流域水权制度框架下,通过建立排他性的水资源的使用权制度和交易制度(包括排污权),以从根本上解决用水浪费和水污染问题。本书在对国内外水权制度比较分析的基础上,从实践的角度对我国的流域水权制度、流域初始水权配置制度和水权交易制度以及水市场的理论和实践、利用产权管理制度防治水污染等进行了研究与探索。

在研究过程中,承蒙黄河水利委员会苏茂林副主任(教授级高工)和尚宏琦局长(教授级高工),河海大学梁忠民、陈菁、施国庆、方国华等教授的指导和帮助,他们对本书提出了许多宝贵的建议;承蒙河海大学陆晓平老师、许圣斌老师、余达淮博士、王玲玲教授和黄河水利委员会水文局王玲副总工程师等专家的厚爱,在此一并向他们表示最诚挚的感谢。

在写作和资料收集的过程中,得到了水利部外资办董雁飞处长的帮助,得到了黄河水利委员会林斌文教授级高工、王道席博士、裴勇高工、可素娟高工、归帆高工以及河南黄河河务局水调处刘庭英高工、黄河流域各省(区)水利厅分管黄河水资源配置和管理的同志、河南农科院郑国清博士、南京大学王栋博士、河南财经学院马勇教授、黄河宣传出版中心李国庆处长和岳德军博士等专家的帮助,在此一并向他们表示衷心的感谢。

在此,特别感谢黄河宣传出版中心骆向新主任、黄河水利出版社雷元静副总编等领导以及有关编辑人员的大力支持和帮助。

本书不足之处,敬请读者批评指正。

本研究得到教育部科学技术研究重点项目资助。项目名称:大陆水循环与水资源可持续利用;项目编号:重点 104197。

作　者

2007 年 12 月

目　录

第 1 章 绪 论

1.1 问题的提出

水是生命之源，是人类赖以生存与发展不可替代的基础性资源，也是生态环境的基本要素；它直接关系到国计民生、社会发展和国家兴衰；加强水资源的管理，"通过水资源的优化配置，提高水资源的利用效率，实现水资源的可持续利用，是 21 世纪我国水利工作的首要任务"[1]。

目前，我国的水资源管理基本上仍是传统计划经济制度下形成的管理模式，这种管理模式在新中国成立以来的几十年中取得了不少成绩，但已不能适应我国社会主义市场经济的需要，已不能从根本上解决我国水资源开发利用中存在的一些主要问题。例如：水资源的紧缺与用水的浪费并存问题；水土资源过度开发造成生态环境破坏问题；水质污染迅速发展，已到极为严重的程度问题等[2]。以水资源紧张、水污染严重为特征的水危机已成为我国可持续发展的重要制约因素。在中国工程院组织的以钱正英为首的 43 位院士和 300 多位院外专家编纂的《中国可持续发展水资源战略研究综合报告及各专题报告》（2001）中指出："水污染已经成为不亚于洪灾、旱灾甚至更为严重的灾害。"

我国水法规定，水资源属于国家所有，因此我国的水资源属于公共资源。水资源管理严格遵照传统产权制度下的管理思路和方式方法，即实行流域管理与行政区域管理相结合的管理体制。这种管理模式特点是：强化政府职能，统一管理。但管理缺陷是：管理主体单一，基本上是水行政公务人员，忽视了经济与市场手段作用。对于公共资源的管理缺陷问题，亚里士多德早就指出"所有人对自己东西的关心都大于与其他人共有的东西"[3]。现代市场经济社会中到处都会见到这种现象，如楼道、厕所和路边的共用灯和水龙头等就损坏得最快。

通过产权交易会导致效率的提高和资源的优化配置，但产权交易要通过市场实现，在市场经济中，明晰的产权界定是交易的必要条件。产权清晰使一次性博弈行为转变为多次重复博弈行为，在尊重他人利益的基础上追求长期利益。所以说，明晰界定的产权制度对经济效率具有重要意义[4]。长期以来，由于我国水资源产权关系不够明晰，从总体上看，致使水资源浪费问题和水质污染仍呈不断加重趋势问题未能从根本上得到解决。因此，水资源浪费严重与利用效率不高和水污染日趋严重的深层次原因，则在于现行水资源利用中的产权制度存在着结构性缺陷[5]，难以起到对浪费用水、水污染的约束作用和对提高用水效率的激励作用与对水污染的控制作用。

因此，按照市场经济规律的要求，研究建立和完善我国的水权制度，明晰水资源产权并进行效率与公平合理的配置；研究水资源产权管理与交易的规律，建立一个利用市场手段和政府宏观调控的水市场，这是实现我国水资源优化配置，实现水资源可持续利用以保证经济社会可持续发展的必然要求。当然，公共资源的产权理论是一个十分复杂的问题，我国对于水资源产权问题的研究还处于起步阶段，许多问题还有待探索。

目前水资源产权理论的研究远远落后于改革实践，并且相当薄弱。随着人口增加和经济发展对水资源的要求不断增长，水资源变得相对稀缺起来。所以，对水权制度、水权配置、水权管理、水权交易以及水市场的理论和实践进行研究与探索，是十分必要的。通过研究确立一种合适的水权制度，对水资源公平、合理地得以永续利用，保障我国水资源与社会经济、生态环境协调发展，具有重要的现实意义。为了改变以往将水资源作为一种"公共资源"被无偿或低价使用的局面，为了减少"公共资源"的损失，较大限度地避免水资源浪费和污染，限制或控制水资源的过度利用，使用水户受到约束，必须使水权法定化，按照新的水权制度规则，实现水权分配和再分配，最终达到水资源的持续高效利用，实现经济社会和生态环境的协调与持续发展。

根据水资源的自身规律建立水权制度。水资源是一种多功能的动态资源，地表水、地下水相互转化，并以流域为单元构成一个完整的循环体系。在我国，每个流域都有着自身相对完整的自然生态环境和不同的水资源稀缺程度。比如，长江流域水资源总量丰富，在对 2000、2010、2030、2050 各水平年按 75% 年水资源量所作平衡结果，供需基本协调平衡[6]；而黄河流域通过总供给与总需求之间的平衡计算，相应 2010 年、2030 年、2050 年缺水量分别为 40.37 亿 m^3、109.85 亿 m^3、160.14 亿 m^3，可以看出未来黄河流域的缺水形势是相当严峻的[7]。因此，应根据各流域的具体情况，制定相应的水权制度，只有以流域为单元对地表水、地下水实行统一规划、统一配置、统一管理，才能做到统筹兼顾各部门、各地区的利益，发挥水资源综合效益，才能更好地解决当前的供水不足与用水浪费；只有通过水环境产权制度创新才能防治日趋严重的水污染问题。因此，应以流域为单元开展水权制度建设研究。

1.2 水权研究综述

1.2.1 我国水权制度和实践现状

1.2.1.1 我国水权制度现状

1）我国现行有关法规对水权制度的规定与不足

我国《宪法》规定："矿藏、水流、森林、山岭、草原、荒地、滩涂等自然资源，都属国家所有，即全民所有"[8]。我国《水法》属于水事活动的基本法，2002 年新修订的《水法》明确规定了"水资源属于国家所有。水资源的所有权由国务院代表国家行使。农村集体经济组织的水塘和由农村集体经济组织修建管理的水库中的水，归各该农村集体经济组织使用"[9]。我国宪法虽规定了水资源的所有权，以及与用益物权相近似的非所有人对于水资源的使用、收益权，但并未将这种权利明确定性为用益物权，更未见使用和界定"水权"这一法律概念[10]。事实上，不仅我国有关水资源的用益物权、担保物权、相邻关系权的他物权的权利体系没有建立起来，而且我国对于水资源所有权的界定也是"空洞"的，即作为水资源所有权主体的国家或集体，其所有权权益，没有在经济上得到充分的实现；集体水资源所有权通过水面的承包经营或作为旅游等用途，其价值在一定程度上得到了实现，而国有水资源所有者的利益即便得到实现，但大部分利益已经为地方政府所占有[11]。

我国有关法律和制度上存在一些类似水权的规定，以及一些实践性的案例，但从总体上定性地看，我国的水权制度尚未建立；由于我国水资源的所有权与经营权不分，中央和地方之间，以及各种利益主体的经济关系缺乏明确的界定，导致了水资源的不合理配置和低效利用。因此，明晰水权，建立具有中国特色的水权制度，对水资源合理配置和有效管理至关重要。

2）我国现行有关法规对水污染防治的缺欠

1986 年我国就已颁布实施了《水污染防治法》，并于 1996 年进行了修订；1988 年我国颁布实施了《水法》，并经重新修订后于 2002 年 10 月 1 日实施。虽然对水污染采取了一系列措施，并取得一定成效，但从总体上看，我国的水污染防治工作进展还比较缓慢，取得的成果十分脆弱。这些年来，水质污染仍呈不断加重趋势。究其原因有二，一是我国的水资源属于公共资源，公共资源管理的主要缺陷问题就是被人们关心的最少，因此进一步明晰界定水资源的产权并建立水权制度，是防治水污染的根本途径；二是上述法律的弊病在于将宪法国家所有、不可分割的流域实行按部门、按行政区划分割管理，而无一个权威性的流域机构及其相应的流域管理法规来"统一管理与统一执法"。

3）我国水资源管理基本制度现状

根据我国《宪法》、《水法》、《水土保持法》、《水污染防治法》、《防洪法》，和国务院制定颁布的一系列部门规章，以及各级地方政府颁布的一些水管理的地方性规章规程等，目前我国水资源管理的基本制度大致包括：①水资源属于国家所有，亦即全民所有，国家作为产权代表来实施管理；②国家鼓励单位和个人依法开发、利用水资源，并保护其合法权益；③国家制定全国水资源战略规划；④开发、利用、节约、保护水资源和防治水害，应当按照流域或区域统一制定规划；⑤国家对用水实行总量控制和定额管理相结合的制度；⑥国家对水资源依法实行取水许可制度和有偿使用制度；⑦大力推行节约用水；⑧国家对水资源实行流域管理与行政区域管理相结合的管理体制，等等[12]。

1.2.1.2　我国的水交易与水市场现状

我国现行水权制度是一种计划配置水资源的公共水权制度[13]，从法律安排看，中国水资源没有私水，都是公水，政府借助法律和强大的权威对水资源的利用进行规划、安排、实施，控制了水资源的供给与配置。这在客观上已经摒弃了水资源市场供给的机会，因而"中国水权的发育显得特别慢，成为中国现行自然资源法中体现计划经济思路，特别是政府供给自然资源思路最为充分的制度安排"[14]。随着社会主义市场经济体制的建立和市场经济化程度的提高，水进行交易并走向市场，用行之有效的市场机制，激活水资源资产的生机和活力，不仅关系到水利行业的发展，而且关系到整个国民经济的有序运行和人类自身的可持续发展[15]。

水利具有除害与兴利的双重作用的特点，水资源具有流域性的规律，水利工程兼有公益或部分公益性的用途，它们之间相互作用、相互影响，构筑了一种十分复杂的水市场环境。虽然水资源短缺，但由于水具有公益性特点，水又不可能完全靠市场调节来配置，所以，进行水交易和建立发展水市场要受到诸多方面因素的制约。水作为一种特殊商品，它就不具有一般商品随时可以进行交易的市场特性，它区别于一般商品在市场上的竞争力（市场之争的实质是利益之争）。因此，水市场就不具有其他商品市场的共性和特点[16]。中国水交易与水市场，虽然它的变化也始于改革开放，但起点大大晚于改革开放，而且还晚于国家市场经济制度的建立。如果把全国第一笔水权交易——浙江义乌与东阳水权交易，作为真正意义上的水交易和水市场的起点，那就更晚了。所以说，中国的水交易与水市场还处于刚刚起步阶段。

1.2.1.3 我国水权与水交易的实践

1）浙江东阳向义乌有偿转让水权

浙江省东阳市和义乌市于 2000 年 11 月 24 日签订有偿转让横锦水库部分用水权的协议，义乌市用 2 亿元水利建设资金购买东阳市横锦水库 5 000 万 m^3 优质水资源使用权，东阳市同意以 2 亿元的价格一次性把横锦水库的每年 5 000 万 m^3 水的永久用水权转让给义乌市，水质须达到国家现行一类饮用水标准。东阳、义乌两市达成水权转让协议，是一个有利于供需双方的双赢方案：东阳市利用社会主义市场经济规律盘活水源与水利基础设施存量资本，通过开源节流和进行水权转让，得到水权补偿费、水费和电费等水利经济利益的补偿；义乌市在自身水资源匮乏的情况下，为了保障可持续发展而选择了受让水权的开源捷径。东阳向义乌有偿转让水权，开创了我国水权制度改革实践的先例。"东阳—义乌"水权转让是水权理论在实践中的重大突破，进一步推进和活跃了关于水权、水市场的理论研究和实践探索。

2）黄河水权转换

为积极探索黄河水资源管理的新途径，合理调整用水结构，引导黄河水资源向高效益、高效率方向转移，以黄河水资源的可持续利用支撑经济社会的可持续发展，水利部黄河水利委员会依据水权、水市场理论，自 2003 年以来，在宁夏、内蒙古自治区选择批复了五个水权转换试点项目，水利部对此于 2004 年 5 月下发了"水利部关于内蒙古宁夏黄河干流水权转换试点工作的指导意见"。根据该指导意见的要求，并结合黄河水资源开发利用、管理与调度实际，黄委会于 2004 年 6 月 30 日以黄水调[2004]18 号文印发了《黄河水权转换管理实施办法（试行）》。该办法的印发，标志着我国水权制度改革实践向更深层次发展，对我国流域水权制度创新等作出了积极的贡献；对水资源的可持续利用，切实保障水权转换所涉及的第三方的合法权益，保护生态环境，充分发挥市场机制在资源配置中的作用，实行水权有偿转换，引导水资源向低耗水、低污染、高效益、高效率行业转移，进一步规范水权市场和健全政策法规，有着极其重要的意义[17]。

3）辽宁省大凌河流域水资源使用权初始分配实施方案（征求意见稿）

水利部水资源管理司、水利部松辽水利委员会、辽宁省水利厅按照水利部的统一部署，积极筹划并准备先行启动"辽宁省大凌河流域水资源使用权初始分配"试点工作，于 2004 年 6 月 25 日制定了一套《辽宁省大凌河流域水资源使用权初始分配实施方案（征求意见稿）》。由于我国的初始水权分配尚处于探索阶段，现在还没有成熟的理论和成型的技术方法，初始水权的分配涉及政治、经济、法律、资源、环境等多个领域，是一个复杂的多目标、多层次、群决策的系统工程。通过开展"辽宁省大凌河流域水资源使用权初始分配"试点工作，可以提出一套比较完备的流域初始水权分配理论技术体系和政策法规体系，为松辽流域和辽宁省，乃至全国的初始水权分配制度建设和初始水权分配工作提供支撑和借鉴[18]。

1.2.2　理论研究若干进展

1.2.2.1　关于制度与公共财产的产权理论

中国改革开放 20 多年的进程，实际上是在寻找一种好制度。所谓好制度，用新制度经济学的话讲就是交易成本低的制度。我国正处于经济转型期，转型的实质是制度变迁或制度创新。产权制度是经济运行的一个根本基础，在制度变迁和制度创新中，产权都是重要的变量。水权的理论基础是产权理论[19]。水权是产权理论渗透到水资源领域的产物。我国水权制度的创新，就是要寻找如何利用市场机制使水资源得到优化配置。Thomas（1999a）认为[20]应有一个统一的关于产权的定义，适用于水市场所有的用户，包括商业和环境用水。因此，弄清楚产权制度方面的理论，对开展水权制度研究具有重要意义。

1）马克思关于制度分析与产权理论

诺思说，"在详细描述长期变迁的各种现存理论中，马克思的分析框架是最有说服力的，这恰恰是因为它包括了新古典分析框架所遗漏的所有因素：制度、产权、国家和意识形态"[21]。在马克思的理论中，制度因素是社会经济发展中的内生变量，而不是独立于社会经济发展之外的。正如新制度经济学家 V·W·拉坦所说的那样，马克思比他的同时代学者更深刻地洞见了技术与制度变迁之间的历史关系。尽管马克思强调了生产方式的变化（技术变迁）与生产关系的变化（制度变迁）之间的辩证关系，但他相信前者提供了社会组织变迁的更为动态的力量[22]。在马克思看来，任何社会的生产都是在一定的生产关系及其制度条件下进行的，并且不同的制度其效率也是不同的。例如，资本主义制度比封建制度、奴隶制度更有效率。马克思为产权理论的发展作出过巨大贡献，他的许多论述成为现代产权经济学的基础。

关于产权的概念。产权的定义很多，但有一个被罗马法、普通法、马克思恩格斯以及现行的法律和经济研究基本认同的定义：产权不是指人与物之间的关系，而是指由物的存在及关于它们的使用所引起的人们之间相互认可的行为关系。产权安排确定了每个人相应于物时的行为规范。

关于产权的特征。马克思始终把产权的第一个特征，即把产权当做一组权利的集合体。关于对产权的另一个特征，论述了产权具有可分离性。由于产权是一组权利的集合，因此可以在一定程度上相对分离。马克思认为，在某些场合下，这些权利是统一的，属于财产所有者；在许多场合，这些权利可以相对分离。组成产权的每一项权利又可得到更为具体和细致的分解。

2）以科斯、诺思为代表的西方新制度经济学关于制度与公共财产的产权理论

西方新制度经济学就是利用正统经济理论去分析制度的构成和运行，并去发现这些制度在经济运行中的地位和作用。新制度经济学的主要代表人物是科斯、诺思，后来其理论又由威廉森、德姆塞茨、布坎南、舒尔茨、阿罗等丰富和发展。

制度的内涵。约翰·R·康亡斯作为旧制度学派的一个代表，他把制度定义为"限制、解放和扩张个人行动的集体行动"[23]。马修斯则把制度看做是影响人们经济生活的权利和义务的集合。施密德认为制度是"人们之间有秩序的关系集，它确定了他们的权利，对别人权利的特权和责任"[24]。诺思说，制度是一种社会博弈，是人们所创造的用以限制人们相互交往的行为的框架[25]。他把博弈规则分为两大类：正式规则（宪法、产权制度和合同）和非正式规则（规范和习俗）。制度通过提供一系列规则界定人们的选择空间，约束人们之间的相互关系，从而减少环境中的不确定性，减少交易费用，保护产权，促进生产性活动。

制度的构成。对制度的构成或制度结构的剖析，是制度分析的基本理论前提。新制度经济学认为，制度提供的一系列规则由社会认可的非正式约束、国家规定的正式约束和实施机制所构成。关于正式约束与非正式约束的关系，新制度经济学家认为，正式约束只有在社会认可，即与非正式约束相容的情况下，才能发挥作用。把制度划分为正式约束与非正式约束，只是为了理论分析的方便，在实际社会经济生活中，正式约束与非正式约束对经济发展的"共同影响"是很难分割开的[26]。1993 年诺思在获诺贝尔经济学奖发表演讲时指出，离开了非正式约束，即使"将成功的西方市场经济制度的正式政治经济规则搬到第三世界和东欧，就不再是取得良好的经济实绩的充分条件。私有化并不是解决经济实绩低下的灵丹妙药"[27]。因此，国外再好的正式约束，若远远偏离了土生土长的非正式约束，也是"好看不中用"。

这类似于发展中国家在引进国外的先进技术曾经经历过的教训一样，开始认为越先进的技术越好，似乎只有这样才能尽快赶上发达国家。事实证明，"欲速则不达"。后来发展中国家的人们才逐渐发现"适中"的技术才是最好的技术[28]，这个道理同样适用于制度移植。新制度经济学关于正式约束与非正式约束必须相容的原理，对于进行水权制度变迁的我国，具有一定的启发意义。

制度与效率。诺思认为，"有效率的经济组织是增长的关键因素；西方世界兴起的原因就在于发展一种有效率的经济组织。有效率的组织需要建立制度化的设施，并确立财产所有权，把个人的经济努力不断引向一种社会性的活动，使个人的收益率不断接近社会收益率"[29]。

产权。什么叫产权？按照 Alchian（1950）的定义，"它是一个社会所实施的选择一种经济品的使用的权利"。产权是一种权利，这是产权经济学家已达成共识的问题。产权会影响激励和行为，这是产权的一个基本功能[30]。产权的主要功能就是内化外部性，帮助一个人形成他与其他人进行交易时的预期（Demsetz，1988）。另外，产权的一个主要功能是引导人们实现将外部性较大地内在化的激励[31]，产权界定不清是产生"外部性"和"搭便车"的主要根源。经济学分析表明，产权不清会导致一个国家陷入"贫困陷阱"，而在贫困陷阱中的国家则永远不可能达到高收入的稳定状态。产权的基本内容包括行动团体对资源的所有权、使用权、转让权，以及收入的享用权[32]。产权具有如下特征：产权的完备性与残缺性；产权的排他性与非排他性；产权的明晰性与模糊性；产权的实物性与价值性；产权的可分割性、可分离性与可转让性；产权的延续性和稳定性[33]。产权的明晰性就是为了建立所有权、激励与经济行为的内在联系。产权明晰是市场经济的基本要求，也是市场机制有效运作的基本前提。产权的可分割性是人类历史上产权制度的一次重大变革，这主要是因为：产权的分割使产权更容易流动和交换，从而大大提高了产权的资源配置功能；产权的分割性是资本市场建立的一个必要条件；产权的分割性大大地降低了集体产权运作的成本。

产权制度及产权制度变迁。产权制度是制度集合中最基本、最重要的制度。产权经济学的中心问题是：只要存在交易费用，产权制度就对生产和资源配置产生影响。在交易费用不为零的时候，产权规则是至关重要的。关于产权制度变迁。除了相对人口增长而导致的资源相对稀缺引起产权制度变迁的原因之外，国家的政策、民主水平、农村金融、农业的商业化程度，家庭或社区的组织状况、知识水平、借贷能力，农场的商业化程度等因素也是导致某种产权制度出现或演变的重要原因[34]。

科斯定理及其学派与公共财产私有化。科斯在研究放牧问题时认为，"公有地悲剧"发生的主要原因在于放牧地公有或自由进入，牧场主在利益驱使下，往往会过度放牧，导致土地肥力下降、水土流失等负的外部效果。如果将产权变更，把土地卖给牧场主，他们就会仔细地照料自己的土地，在决定今年放牧多少牲畜时，要考虑对牧草、土地肥力的影响，从而不至于减少未来的收益流[35]。为此，他提出了一个著名的论断，后来的学者称为"科斯定理"[36]：当各方能够无成本地讨价还价并对大家都有利时，无论产权如何界定，最终结果将是有效率的。科斯定理提出，没有交易费用时，通过自愿协议，将产权作重新分配，可以使社会福利最大化[37]。科斯定理的意义在于存在交易费用时，不同的产权配置和调整会带来不同的资源配置状况及相应的效率结果；在存在交易费用的情况下，由于人们对自己的经济活动的成本、收益十分关心，如果产权清晰，就可以从自己的努力（包括合理使用资源）中得到明确的、可预期的收益，促使人们对其拥有的资源进行更有效的配置，同时也有权排斥他人侵扰自己的财产。科斯的产权理论强调私有产权的意义[21]。诺思的许多著作都研究了私有产权的动力因素，他认为，"当存在资源的共有产权时，就缺少获取先进技术和知识的激励。相反，排他性的产权向所有者提供了提高效率和生产率的直接激励，即提供了获取先进技术和知识的激励"[21]。因为获取先进技术和知识都需要付出成本，而这些成本与他从共有产权资源中获取无关，但在排他性产权中他可能因付出这些成本得到更大的利益。概括起来，科斯等人认为私有产权的优越性表现在以下几方面：首先，只要所有资源在同一水平是可分割和可控制的，所有权的范围和决策单位的范围相一致，即分散式决策者有权控制分散式的每单位资源，那么，分散式的财富最大化主体——个人就会起积极作用；其次，如果所有资源具有完全的可流动性，而彻底的产权私有化可以促使资源顺畅地流动，市场机制就可以充分发挥优化配置资源的作用；最后，与公共产权相比，私有产权可以使交易费用最小化[37]。科斯定理将政府的作用限定在一个十分有限的范围内——明晰产权，接着通过个人协商使外部效果尽可能内部化，然后交给市场去取得有效率的结果。

3）马克思所有制理论与西方新制度经济学关于产权理论的主要异同点

近些年来西方产权理论在中国的"盛行"与马克思所有制理论在中国的"冷落"，这个现象本身就有许多值得我们探讨的问题。产权（或财产权）这个范畴不仅仅是一个经济学概念，而且还是一个法学、政治学等都要涉及的概念。

从产权的实质来看，西方产权理论与马克思所有制理论有相同的地方。如西方产权理论认为，产权不是指人与物之间的关系，而是指由物的存在及关系它们的使用所引起的人们之间相互认可的行为关系，这些与马克思所有制理论的观点基本上是一致的；如 Barzel 认为产权是指人们消费和使用他们的资产，并从这些资产中取得收入和让渡这些资产的权利或权力构成；又如，马克思所有制理论和西方产权理论都强调了所有制（或产权）在社会经济问题分析中的重要地位，等等。但是，马克思所有制理论与西方产权理论存在许多不同的地方[39]。

（1）马克思主义经济学强调的是所有制作为最基本的制度对社会的性质及其社会公平的影响；而产权经济学却强调产权的经济效率的功能，即产权的界定、转让以及不同产权结构的差异对资源配置的影响。

（2）从对所有制形式的最优选择来看，西方产权理论认为私有产权是最有效的，如私有产权之外的其他产权形式，减弱了资源使用与市场上体现的价值之间的一致性[40]；而马克思所有制理论则认为公有制是最有利于社会资源充分利用，这种分析主要是建立在逻辑及宏观分析基础之上的。

（3）在产权中，什么权利最重要呢？在西方产权理论看来，产权归谁所有不是什么重要问题，关键是谁来使用的问题。谁有能力，谁能使资源有效使用，谁能使生产要素得到最佳配置，谁就应该是产权的使用者。效率应该是产权转让的实质，初始产权的界定可能是低效的，但是通过转让和交易，产权可能会变成高效的。马克思所有制理论强调的是生产资料归谁所有的问题，因为在马克思所有制理论看来，生产资料所有制决定着社会的性质，决定着社会的分配方式以及资源的配置方式。

西方产权理论作为一种分析工具，是可以用来分析我国经济中所出现的问题的，但是我们不能用西方产权理论代替马克思的所有制理论——因为在一些深层次问题的探讨上，马克思所有制理论仍然具有强大的解释力。如马克思关于所有制与社会性质关系的分析，所有制与公平关系的研究等，都是西方产权理论所无法比拟的。

1.2.2.2　新古典经济学关于公共财产管理理论

当代经济学主流学派——新古典经济学认为[35]，当财产私人所有时，所有者为了长期的收益流，会认真地照管；公共财产则不同，每个人都有使用、收益的激励，却缺乏照管的激励，因为照管需要支付费用。如果开发利用过度，就会使财产消耗殆尽或无法再生，这一现象称为"公有地悲剧"[41]。解决"公有地悲剧"的主要措施是强化政府干预，干预的手段包括政府管制、征税或补贴、允许使用权转让等。

政府管制。在大多数社会中，例如矿藏、森林和渔场等自然资源的个别私人所有权是罕见的。除非受到管制，否则与私人所有权条件下普遍发生的情况相比，开放的进入条件将导致某种资源的过度使用[42]。根据自然资源开发利用的目的、方式以及可持续利用的途径，政府管制的手段可以多种多样。比如，政府可以采用法令、法规的形式，也可使用排放标准对大气污染、水污染等进行管制。行政管制的优点是利用政府的权威制定行政管制的法规条例，辅之以惩罚，社会成本较小；其缺陷是任何法规条例对具体情况不可能十全十美，条例的更新永远赶不上实际变化和技术进步。

收税或补贴。开发利用公共资源如果产生不利的外部效果，政府还可以通过收取税费来反映真实成本，如在天然水域取水收取水资源费，向大气、水体中排污收取排污费等。其经济本质是使用自然资源要缴付一定的租金。对产生有利于外部效果的活动，政府给予一定的补贴，如资助新产品、新技术开发等，其经济本质是对有助于减少社会成本的行为补贴。

使用权的转让。为了充分发挥政府管制、收税或补贴等手段管理公共资源的社会成本较低的长处，克服由于信息不完全难以适应复杂的实际情况和多变条件的缺陷，促使全社会使用水资源的总效率有所改进，允许许可证从效率低的用水户流转到效率高的用水户是一种有效措施。实现这一效果的前提是水资源产权须明晰。

1.2.2.3 世界上几种基本的水权理论简介

随着人类经济活动的扩大，世界上许多国家和地区都出现了水资源短缺现象，为了有效地利用稀缺的水资源和解决水事纠纷，各国都加强了对水权理论的研究并在此基础上根据不同情况实行了不同的水权法律制度。正如理查德·伊利所说，"有时水权是完全没有价值的，因为水量很多，足以满足每个人的需要。但当水很稀少、无法供应一种或全部需要时，控制和利用水的权利就变得有价值，并有了价格。在这种情况下，水就变成一种财产，就得建立法律和制度来保护水的产权"[43]。各个国家水资源状况和水法规制定主体不同，所实行的水权管理体系也不尽相同[44]。比较、分析世界上几种基本的水权理论，对我国水权理论建设具有重要的意义。

1）沿岸所有权理论

沿岸所有权是指土地所有人根据与其土地相毗邻的河岸自然地享有水权。沿岸所有权的水权理论是关于对水资源权利和责任的一系列原则，最初源于英国的普通法和 1804 年的拿破仑法典，后在美国的东部地区得到发展，成为国际上现行水法的基础理论之一。澳大利亚最初实行的也是河岸权制度[45]，将水权与土地紧密结合在一起。目前，沿岸所有权仍是英国、法国、加拿大以及美国东部等水资源丰富的国家和地区水法规及水管理政策的基础。

形成沿岸所有权理论的背景[5]。从地理上看，沿岸所有权理论是在水资源丰富的地区（主要是英国）形成的。从历史上看，沿岸所有权理论主要是在 19 世纪中各国根据不同的水权纠纷案例判决逐步发展的，因此在解释上有一些区别甚至争论。尽管如此，各国在沿岸所有权理论的两个基本原则上仍然保持一致：一是持续水流理论。即，凡是拥有持续不断的水流穿过或沿一边经过的土地所有者自然拥有了沿岸所有水权，只要水权所有者对水资源的使用不会影响下游的持续水流，那么对水量的使用就没有限制。二是合理用水理论。根据持续水流理论，对水权所有者使用水的限制主要取决于是否影响下游的持续水流，而合理用水理论在持续水流理论的基础上更强调用水的合理性，即所有水权拥有者的用水权利是平等的，任何人对水资源的使用不能损害其他水权所有者的用水权利。

实践证明，沿岸所有权制度仅仅适用于水资源丰富的地区和国家，对于水资源短缺的干旱和半干旱地区，沿岸所有权制度存在着种种问题。即使在水资源丰富的地区，传统的沿岸所有权制度已经不能适应新的情况。例如，由于沿岸所有权的限制，使与河流不相邻的工业和城市的用水也受到了限制，造成水资源的浪费。于是，伴随着美国对干旱的西部地区的开发，产生了第二种基本的水权理论——优先占用权理论[5]。

2）优先占用权理论

优先占用权的水权理论源于 19 世纪中期美国西部地区开发中的用水实践，美国西部属占用优先原则历史悠久且发展较为完善的地区[46]。众所周知，美国西部干旱少雨，水资源缺乏，为了在干旱少雨的地区维持生产的顺利进行，不拥有与河流相邻土地所有权的采矿者和农场主必须在联邦政府所有的土地上开渠引水。实践中产生的问题使法院无法按照沿岸所有水权的理论行事，久而久之，在司法实践中法院开始采用"谁先开渠引水谁就拥有水权"的方法来解决水事纠纷，并通过大量的案例判决逐步形成了"占用水权理论"。该理论认为，河流中的水资源处于公共领域，没有所有者，谁先开渠引水并对水资源进行有益使用，谁就占有了水资源的优先使用权。美国西部各州均宣称水资源归本州所有，但公众享有对水资源的"引取和有益使用"之权 。在美国西部各州，对水资源"有益使用"之权主要包括家庭用水权、灌溉用水权、蓄水权、工业用水权、水力用水权、航运用水权、市政用水权、娱乐用水权等 。

一般而言，占有制度的基本原理如下：①占有水权的获得不以是否拥有与河流相邻的土地所有权为根据，而是以占有并对水资源进行有益使用和河流有水可用为标准；②占有水权不是平等的权利，服从先占原则，即谁先开渠引水，谁就拥有了使用水的优先权；③只要是有益使用，水资源不仅可用于家庭生活用水，而且可用于农田灌溉、工业和城市用水等方面。

3）公共水权理论

公共水权理论及法律制度源于苏联的水管理理论和实践，我国目前实行的也是公共水权法律制度。一般认为，公共水权理论包括三个基本原则：一是所有权与使用权分离，即水资源属国家所有，但个人和单位可以拥有水资源的使用权；二是水资源的开发和利用必须服从国家的经济计划和发展规划；三是水资源配置和水量的分配一般是通过行政手段进行的[5]。

实行公共水权制度的国家和地区多属大陆法系，公共水权的理论和原则具体体现在颁布的成文水法中，例如苏联1970年颁布的《水法原则》以及我国的《水法》，都属于这种情况。

公共水权理论强调全流域的计划配水，因此存在着对私人和经济主体的水权，特别是水使用权、水使用量权、水使用顺序权难以清晰界定或忽视清晰界定水权问题和倾向。如果所在国处于干旱和半干旱地区，水资源严重短缺的话，水权界定不明确可能导致严重的水纠纷，包括行业之间争水（如工业和农业争水），也包括全流域各个行政区之间的争水。除此之外，单一的行政配水管理方式也会引发水资源管理中的寻租行为，导致经济资源的浪费和腐败现象的产生。

4）可交易水权理论

可交易水权的理论可以追溯到科斯关于市场效率的思想[5,47]。1960年科斯发表了《论社会成本》一文[48]，其中关于市场效率的思想后来被概括成"科斯定理"，即如果交易成本为零，只要初始产权的界定是清楚的，即使这种界定在经济上是低效率的，通过市场的产权交易可以校正这种低效率并达到资源的有效配置。将"科斯定理"应用到水资源的管理中，就形成了可交易水权制度，即通过市场的水权交易提高水资源的利用效率和配置效率。Stephen Beare 和 Anna Heaney 亦认为[49]：一个有效率的水市场是将水资源用于最高的使用价值。

可交易水权制度的产生[5,47]。二战以后，全球水资源供需矛盾日益突出，日益严重的、普遍发生的水资源短缺现象迫使人类对水资源的性质重新认识。在 1992 年都柏林召开的"21 世纪水资源和环境发展"国际会议上，与会代表取得共识，即水不仅是自然资源，而且更重要的是一种经济物品[50]。1995 年世界银行发言人也再次重申了水资源是经济物品这一重要观点[51]。承认水资源是经济物品，就意味着水资源的配置和使用必须服从市场效率原则，即不仅要提高水资源的利用效率，而且要达到水资源的优化配置。正是在这一方面，原有的水权制度存在着明显的缺陷。例如，沿岸所有权制度强调水资源的合理使用，优先占用权制度则强调水资源的有益使用，二者都缺乏引导提高水资源配置效率和使用效率的制度结构。而公共水权制度把水资源的使用与计划、规划联系在一起，但大量的事实表明，在微观层次上，计划对资源的配置效率存在着明显不足。因此，为了提高水资源的配置效率和使用效率，必须寻找一种新的水权制度。由此导致了实践中可交易水权制度的产生。

水权交易的基本前提条件[47]。水权交易制度建立的关键性的第一步是：建立与土地使用权分开的可交易的水权制度或用水权制度，这个制度必须顾及对第三方的影响。Ed Willett 亦认为[52]，应将水资源产权从土地产权中分离出来，并清楚地说明包括所有权、数量、可靠性和水质在内的水权，其目的是使水资源可以交易，以提高水资源的使用效率。澳大利亚的经验证明："水权交易的基本前提条件是恰当地将水权定义为与土地产权分离的财产形式"[53]。

可交易水权制度运行的三个重要环节：水权界定、水价形成和水权交易管理，其中水权界定是可交易水权制度建立的前提、核心[15]。没有清晰的水权界定，水权交易是不可能的。水权的界定不仅包括水资源的所有权、使用权，更重要的是水使用量权，因为在各国的实践中，水权交易主要指的是水使用量权的交易，通过水量的确定，使节约用水的人有富余的水量卖出。多余水的来源之一是灌溉和用水效率的提高。水权的界定是一个复杂的过程，在这个过程中政府的作用是至关重要的，特别是在水权界定不清，实行公共水权制度的国家，政府在界定水权中的作用就更加明显。例如，智利在可交易水权制度实施之前基本上实行的是公共水权制度，为了向可交易水权制度过渡，智利各级水行政管理部门做了大量的工作，花费了较长的时间来确认传统水权，审批新增水权，解决水权纠纷，只有在水权界定的工作基本完成后，智利才开始逐步实行可交易水权制度[54]。

占用优先原则下的水权转让。占用优先原则下的水权转让其实是一个社会和政治问题,众多的利益相关者之中有人获益有人损失。尽管受益人与损失人直接的协商和谈判可以解决许多问题,但最终解决途径可能是政治决策。因此,J.J. Murphy 和 R.E. Howitt 认为[55],水权交易对第三方的利益能得到合法产权保护。Tyler Hodge 亦认为[56],水权转换政策的任何改变都必须考虑第三方的关注。

承认水资源是经济物品,水就必须有价格。正如英国艾伦科特雷尔指出的:"无论什么样的社会形式,都必须承认有限的、会枯竭的自然资源都有价值。因此必须以这样或那样的形式给资源制定价格,以便限制消耗和给予保护和关心"[57]。影响水价的因素有很多。在美国西部,永久水权的转让价格变化很大,每英亩英尺水权从几百到几千美元不等[61]。区域之间价格水平的变化一般归因于水的用途和制度约束的不同。同一区域内价格水平的变化一般归因于水商品的异质性,如水权的优先程度和供给可靠性、区域内转移能力(制度和地貌限制)、交易和信息成本等。另外,即使是同质的水权(指具有相同的优先权、供给可靠性、制度要求、供水位置和市场条件),其价格随时期的不同也有很大的变化。

在水价问题上,各国采用的方法不尽相同。例如,美国加利福尼亚州采用了双轨制水价,目的是激励农业灌溉采用节水措施和提高用水效率,具体做法是将水权规定水量中的一部分按供水成本收费,其余部分的水价则由市场决定[58]。而澳大利亚南部墨累河流域水权交易的水价则完全由市场供求决定[59]。确定价格的基本原则是,水价不仅要反映水资源的开发成本,更重要的是反映水资源的稀缺程度。因为只有能反映水资源的稀缺程度的水价才能起到刺激节约水的激励作用,引导水资源从效率低的地区流向效率高的地区,从而提高水资源的整体配置效率。

近年来,由于可交易水权的理论逐渐被广泛接受,越来越多的国家已经开始实行可交易水权制度。例如,除美国的西部地区外,智利和墨西哥分别于 1973 年和 1992 年开始实行可交易水权制度,中东的一些缺水国家也正在讨论和准备实行这种制度[60]。可交易水权理论和制度的形成反映了世界水资源管理的新趋势。

通过对以上几种水权理论的分析可知,水权理论的形成和发展来自于人类对水资源使用和管理的实践,在实践中形成的理论又构成了现存水权法律制度的基础。

1.2.2.4　国内外水权研究若干进展

1）国内水权研究若干进展

我国关于水权、水市场的研究，真正的里程碑是在 2000 年 10 月 22 日汪恕诚在中国水利学会年会上所作的《水权和水市场——谈实现水资源优化配置的经济手段》讲话之后，中国水利界、经济学界、法律学界掀起了研究水权、水市场的热潮，研究范围包括水权的概念、特征、界定的原则、水权体系的建立、水权分配、定价和转让以及水市场等诸多方面。从理论体系的完整性来讲，国内水权理论的研究尚处于初始阶段，水权的内涵、层次、实质需要进一步展开研究。水权理论的核心在于水权的明晰，但目前还只是限于讨论水权界定、分配的原则，对水权明晰的内在机理、具体可行方法还需要进行深入的研究，至于水权转让和水市场的建立和运作更需要进一步探讨[61]。

现就 2000 年以来，我国经济学界、法律学界、水利学界等有关著名专家就水权、水交易与水市场方面的主要观点简述如下：

a. 经济学界的主要观点

胡鞍钢、王亚华认为[62,63]，水权可以简单划分为水资源的所有权和使用权，通常所说的水权实际上指的是水资源的使用权，或者说是用水权。水资源的分配有三个层面上的含义：第一是用水权的初始分配，第二是再分配，第三是对利用水利工程形成的水商品如自来水、纯净水在人群之间的分配。水资源的分配是一种利益分配，既可以通过市场也可以通过非市场来解决，但单独哪一种方式都不能有效解决。水资源的配置方案不仅仅需要技术上、经济上的可行性，更重要的是政治上的可行性。通过对流域水资源配置的经济机制和利益机制分析，胡鞍钢提出了水资源配置的第三种思路，即引入准市场的思路。准市场既不同于传统指令配置也不同于完全市场，准市场的实施由"政治民主协商制度"和"利益补偿机制"等辅助机制来保障，以协调地方利益分配，达到同时兼顾优化流域水资源配置的效率目标、缩小地区差距和保障农民利益的公平目标。流域统一管理应和"准市场"、"地方政治民主协商"有机结合，通过不断的制度创新和制度变迁，形成比较成熟有效的新的流域水分配、水管理模式，并逐步以法律法规的形式固定化。

盛洪认为[64]，水权是水资源的使用权，即水资源使用者在法律规定范围内对所使用的水资源的占有、使用、收益和处分的权利，是一种用益物权。"水权"概念作为全社会的一般权利的出现，和水资源在宏观上的稀缺有关。创立水权的经济意义，一是可以抑制因零价格和公共物品性质而导致的对水的过度使用，将对水资源的需求总量约束在长期均衡供给量的水平上；二是可以避免因取水条件不同而带来的水资源分配的不公平，以及相应的效率损失。在论及水权结构时，区分了一般水权、流域水权以及取水租金。三者并不是并列的，只有先取得了一般水权，才能够取得流域水权；只有获得了一般水权和流域水权，才谈得到租用或投资引水设施。对于水资源市场，盛洪认为水资源交易市场不是一个市场，而是一个有结构、分层次的市场体系。其中包括一级水权市场、二级水权市场、最终消费者市场（或零售市场），等等。水权体系建设的基本思路，是在创设水权体系的基础上借用市场的力量。一方面，它利用政府的强制力界定和保护水权；另一方面，它利用市场中的交易改进水权初始分配的错误，达到水资源在全国和流域中的有效配置。

许长新认为[65]，水权是指不同利益主体间的关系，是在水资源稀缺的情况下利益主体对水资源的各项权利的总和，是一组权利束。但是由于我国的法律制度规定，水资源的所有权归国家或集体所有，因此实际上我们目前谈论的水权并不是完整意义上的水权，只是其中的一个或者几个可以交易的部分。

b. 法律学界的主要观点

崔建远认为[66]，水权是权利人依法对地表水与地下水使用、受益的权利。水权由水资源所有权派生出来，是汲水权、引水权、蓄水权、排水权、航运水权等组成的权利束，具有私权与公权的混合性质。同一般的用益物权相比，水权具有客体的特殊性、占有权能方面的特殊性、所有权和用益物权的排他性、公权性质的私权等方面的特点，人们称其为准物权。就总体而言，水权是一集合概念，标示着一束权利，系列内部存在着各种具体的水权，依据不同的标准，可以将水权划分为五种不同的类型。对于水权与土地权利之间的关系，崔建远列举了两种模式：土地所有权吸收水权模式和水权与土地所有权两立的模式。由于第一种模式忽视了社会公共利益、国家战略利益的需要，许多国家倾向于采用第二种模式。我国宜立法采取土地所有权、水资源所有权、水权分立的模式。对于水权取得的条件，崔建远认为，折中的观点及其方案为适当的选择，放弃按未来的用水授予水权的思路。由于水权乃至整个准物权与物权的差异很大，崔建远认为我国宜采用的立法技术是：首先，物权法典承认水权为物权的一种，并将其定位为准物权；其次，物权法总则在理念上，在规范设计上，给水权乃至整个准物权留足成长空间。

熊向阳认为[67]，水权是建立在水资源的自然条件基础上，以满足社会、经济和环境需要为目的，通过立法来确立和保障，并通过行政机制和市场机制来实现的一整套关于水资源的权力体系。它包括水资源所有权以及由所有权派生出的其他权利的总和。水权体系中包括水资源所有权、使用权以及其他相关权。水资源价格体系中，主要包括水资源费和水费两种形态，前者是获得水使用权的成本，后者是商品水的终极价格。其中，水资源费＝绝对地租＋级差地租＋管理成本＋稀缺性＋机会成本＋外部性补偿；水价是微观层次上配置水资源的重要手段，它包括水资源费、水资源加工成本费用和合理收益、水资源使用的消极外部性补偿。由于水使用权是多样的，不同的使用权对应不同的权力、义务和责任，因此在水使用权的获得上成本有所不同。

蔡守秋认为[68]，水权是由水资源所有权、水资源使用权（用益权）、水环境权、社会公益性水资源使用权、水资源行政管理权、水资源经营权、水产品所有权等不同种类的权利组成的水权体系，水资源产权则是一个混合性的权利束。环境保护法主要强调水环境权，自然资源法主要强调水资源所有权和使用权，私法（民商法）主要强调用益权（地上权、地役权）、水役权、河岸权等水资源物权和水产品所有权，经济法主要强调水资源产权，行政公法主要强调水资源的社会公益性权利和行政管理权。关于水市场，蔡守秋认为广义的水市场包括水产品市场和水资源市场两类。我国主要通过行政手段配置和管理水资源的模式导致了水资源国家所有权形同虚设、水资源市场失去生存空间、水资源价格严重扭曲、水资源利用效益和效率低下，需要实行水权转让，建立水市场。对于水权转让，需要明确水权转让的概念和范围，明确国有水资源使用权流动的原则，明确国有水资源使用权出让、转让的一般条件和程序等。

c. 水利学界的主要观点

汪恕诚认为[1]，水权最简单的说法是水资源的所有权和使用权，按照我国的《水法》，水的所有权属于国家，研究的重点是水的使用权问题。在市场经济条件下，水资源的使用权应该是有偿的。水价是水资源优化配置的一种手段，灵活运用水价的涨落、调整，来实现水资源的优化配置。水价包括三个部分：一是资源水价；二是工程水价；三是环境水价。水价的确定应该是"动态渐进、相对稳定"，既要考虑需求，也要考虑社会的承受能力。汪恕诚认为水市场是一个准市场，离不开政府的宏观调控。

吴季松从法律与经济两个方面对水权定义进行了阐述[69]，他认为法律水权的内涵是水的所有权，所有权包括占有、使用、处分（置）和收益的权能。经济上的水权概念主要是在所有权表现为产权时，又可分为开发权、利用权、经营权和管理权。具体解释如下：取得开发权可以利用，或不利用；行使利用权以后自然获得经营权和管理权；经营权和管理权又可以分离。吴季松还对合理水价的形成机制进行了理论探讨，认为水价分为水资源税、工程水价和环境水价三个组成部分是合理的[70]，提出了工程水价和环境水价的十项确定原则，同时运用经济学理论，对水资源供需平衡进行了分析，探讨了水价在水资源供需平衡中的作用。

董文虎认为[71]，水权指国家、法人、个人或外商对于不同经济类属的水所取得的所有权、分配权、经营权、使用权以及由于取得水权而拥有的利益和应承担减少或免除相应类属衍生而出的水负效应的义务。水权分为水资源水权和水利工程供水水权两种。水资源水权是国家的政治权力，不计入物权范畴；水利工程供水水权是所有者的财产权利，属物权范畴。水资源与广义的水利工程供水属两种不同经济性质的水，其配置原则不尽相同[72]。水资源的配置是宏观控制、权益主体性质的，而水利工程供水水权的配置是微观交易、利益主体性质的。水按其经济性质的不同可分为水资源、狭义的水利工程供水、自来水（纯净水等）。这三种水的管理模式是各不相同的：水资源管理是完全的政府行为，狭义的水利工程供水的经营管理是政府行为加市场行为，自来水的经营是在政府宏观调控下的纯市场行为。

刘斌认为[73]，水权是一种长期独占水资源使用权的权利，是水资源所有权与使用权分离的结果，是一项建立在水资源国家或公众所有的基础上的他物权，是在法律约束下形成的、受一定条件限制的用益权（即依照法律、合同等的规定对他人的物的使用和收益的权利）。水权同时也是一项财产权，与其他财产权具有相同的特性。水权制度的核心是产权（财产权）的明晰和确立，包括水资源分配的登记和公示、水权的优先权确定以及基于民事法律的水权裁决等内容。水权的优先原则是水权制度的重要组成，是实现水权有序管理的基础。

石玉波认为，水权也称为水资源产权，是水资源所有权、水资源使用权、水产品与服务经营权等与水资源有关的一组权利的总称，是调节个人、地区与部门之间水资源开发利用活动的一套规范。水资源所有权是水资源分配和水资源利用的基础，由于水资源的流动性和稀缺性，世界上大多数国家实行的是水资源国家所有的所有权制度。因此，水权可以认为是一种长期独占水资源使用权的权力，同时也可以认为是一项财产权[74]。

吴国平在给汪恕诚的信中，就水权概念作了如下分析："水权"有水的所有权、水的使用权、水的产权等多重含义。但吴国平认为在这几种权利之间是有层次的，而不能把它们放在一个层次上来考虑。其中最核心的是水的所有权。从民法意义上来讲，所有权是财产权的一种，它包括 4 项权能，即占有、使用、收益、处分。使用权只是所有权的一项权能。而水的产权问题涉及资源资产化，实际上是所有权的转化。

黄河、王丽霞认为[75]，在我国和水资源属于国家所有的其他一些国家里，水权主要指依法对于地表水、地下水所取得的使用权及相关的转让权、收益权等。取得水权的用水与一般用水的区别，在于水权得到法律的确认和保护，并明确规定拥有水权者具有法定权利和义务。当水权受到侵害时，国家应依法排除侵害或使拥有水权者得到相应补偿。

d. 其他方面专家的一些观点

姜文来认为[76]，水权是指水资源稀缺条件下人们有关水资源的权利的总和（包括自己或他人受益或受损的权利），其最终可以归结为水资源的所有权、经营权和使用权。

水权制度框架研究课题组对水权制度进行了研究，认为水权制度由水资源所有权、使用权、使用权的转让三部分内容组成[77]。水权制度建设中的重要内容之一是加强水权流转管理。水权流转包括水资源使用权的流转和商品水使用权的流转。水权流转不是目的，是利用市场机制对水资源优化配置的经济手段。由于与市场行为有关，它的实施必须有配套的政策予以保障。

一些专家还对我国现代水权制度建立的体制障碍进行了研究[78]，认为目前我国水资源管理体制主要存在以下问题：国家宏观管理体制上，难以形成协调型的水资源综合管理体制；流域决策体制上，分散管理体制使流域统一管理流于形式；流域监管体制上，符合流域整体利益的水资源管理措施难以贯彻到基层；在各个管理层次上，公众参与不足是公众利益得不到有效保护的原因。

2）国外水权研究若干进展

a. 世界银行 Dinar 的观点[79]

Dinar 在稀有资源分配的经济学原理中，提出了水资源分配的效率和公平原则。从纯粹经济学角度来看，水资源在不同部门的分配可以看做一种投资组合：水是一种有限资源（如资本），经济部门使用这种资本产生收益。基于分配效率的考虑，为了使社会福利最大化，使用水资源的各部门的边际收益应该相等。水资源的分配也可以从公平方面考虑，公平目标显然与水资源在不同经济部门之间的公正分配有关，它可以与效率目标相关，也可以与效率目标无关。在这两个目标之下，为了使水资源的分配实现最优，必须遵循相应的标准。

水资源分配机制包括边际成本定价、公共（行政）分配、水市场以及基于使用者的分配等。边际成本定价机制从本质上说就是供应最后一单位水的边际成本，如果每单位水的价格等于边际成本，就可以认为水资源分配符合经济效率原则，或者说达到社会最优。效率标准使水资源的总价值达到最大值。

水资源是一种公共物品，公共（行政）分配在大规模灌溉系统、家庭用水、工业用水等方面占据主导地位，并且有利于社会公平目标的实现。

基于市场的水资源分配指的是水资源使用权力的交换，以及相邻使用者在既定水资源量的条件下的一种暂时交换，水市场配置通常指的是前者。（竞争性）市场运转的条件包括市场内存在大量的买者和卖者、买者和卖者独立决策、一个个体的决策不影响其他个体的结果、个体满足收益最大化激励等。水市场运转需要政府创造必要的条件：界定初始分配权、创造交易的制度与法律框架、投资于基础设施确保水资源的传输等。

根据传统的观点，水资源作为一种公共物品，政府应该在水资源的分配与管理中占据主导地位。然而这种机制也带来了许多问题，如水资源的无效率使用、运转和维护支出的低回收、开发新水源的成本、代理管理制度的服务质量等，这些问题导致了人类对水资源分配与管理效率的选择。边际成本定价、公共（行政）分配、水市场以及基于使用者的分配等水资源分配机制与传统观点具有一定的前后继承关系，也有很大的变化。在这种新的机制下，政府在水资源的管理与发展，特别是在大规模水利系统的环境问题等方面发挥必要的作用；其他几种分配方式依靠其灵活的特性，将会发挥日益重要的作用。在实践中，大部分国家不是采用单一的分配机制，而是混合采用多种分配机制。

b. 几个国外专家的观点

简言之，水权就是水资源的产权。现代产权理论中产权"property rights"是一个复数的概念，具有可分性，与所有权和使用权的概念有明显的区别。完整意义上的产权是所有权、使用权、收益权、转让权等一组权利的集合，而这些不同的权利可以在市场不同主体之间进行分割和界定[80]。

一般而言，水权是指对水资源使用的权利，即在特定的地点和时间内，经济主体根据需要而使用水资源的权利[81]。任何水权定义必须考虑气候的不确定性，应采用可获得水资源的份额，而不是绝对量（Thomas，1999[82]）。

Masahiro Nakashima 在《日本水资源分配方法和水权制度》一文中提出，水权是指长时期对水资源拥有排他性的使用权。在日本，《河川法》规定河水不能私有，因此水权实际上是一种用益权，也是受某种约束的产权。

必须清醒地认识到，目前学术界对水权的研究尽管很繁荣，但这种繁荣是靠论文等数量上的增长支撑的，高质量的研究成果尚不多见。目前的研究成果尚不适应实践的需求，必须进行大的突破。如果不从实践的角度进行深入研究，只停留在借鉴、概念的演绎等基础上，对水资源优化配置产生重要影响的水权将变成空中楼阁。因此，本书按照水资源的流域性规律，从实践的角度对流域水权制度、流域水权配置与交易技术等进行研究，从理论的角度对采用水环境资源产权制度创新防治水污染进行分析，目的在于为以水资源可持续利用来保障经济社会的可持续发展服务。

1.3　研究内容、意义及技术路线

1.3.1　研究内容和意义

1.3.1.1　研究内容

本书研究的主要内容共分六个部分。

第一部分采用比较研究的方法，选取一些发达国家和一些发展中国家作为样本，在水资源所有权与使用权制度、水资源产权配置制度、水权交易与水市场、法律准则和机构体系等方面进行了比较分析研究，得出了一些重要结论。这些结论对构建我国的水权分配和水权交易制度、水市场具有重要意义。

第二部分主要研究流域水权制度。从对一般水权研究开始，对流域水权的相关概念进行了界定，对流域水权制度及其具有的特征进行分析，对建立流域水权制度的目标与原则进行了分析，对流域水权制度体系内容进行了研究，简要分析了流域水权制度安排。最后，对水权制度非正式约束的一种主要形式——习俗，以博尔腾·杨的讨价还价模型为基准，说明习俗在水资源分配过程中所起到的作用。

第三部分研究了流域初始水权配置。我国水资源利用效率不高、水市场迟迟建立不起来的一个主要原因，就是初始水权分配工作没有真正落实和全面展开。针对于此，首先阐述了初始水权配置优先位序的确定；其次为了在初始水权分配中兼顾效率和公平，剖析了初始水权配置模式，提出初始水权配置的两步合成法；最后分析了流域水权管理模式与水权配置体系建设。

第四部分对流域性的水权交易进行了研究。着重研究了流域水权交易与流域水市场、临时水权交易下的竞价价格的形成、政府宏观管理在流域水市场中的调控、水权交易过程中的外部性问题及其解决等。以流域为单元构建水权交易市场，并按场内正规的和场外非正规的流域水权交易市场的分类为主线，对水权交易市场和交易制度进行了具体详尽的构建。

第五部分从理论上对水环境产权制度创新防治水污染进行了分析，通过分析我国水污染现状的严重性和水污染的成因，着重分析了防治水污染的模式，即水环境公共产权制度创新的水污染防治模式——建立排他性的水环境资源的使用权制度和排污权交易制度，可以有效地防治水污染；并通过模型对水环境公共产权制度创新的流域水权制度框架下的水权交易、水污染物排放权交易进行了博弈分析。

第六部分是案例分析，结合黄河流域的基本情况，对黄河流域水权分配制度、黄河流域水权交易等方面进行了研究。

1.3.1.2 研究意义

本书研究的现实意义。开展流域水权制度研究，以明晰水权和进行初始水权配置，通过建立水权制度和水权交易体系，将促进全面节水和水污染的治理；通过水权交易可以实现水资源的合理配置和提高用水效率；对处理流域各类矛盾和促进社会安定团结具有重要作用。所以，全面、深入和系统地开展流域水权制度、流域水权分配和交易等方面的研究，对解决 21 世纪我国经济社会发展的重要制约因素——水资源紧缺问题与水污染问题，实现水资源可持续利用，指导我国流域水权制度建设和水环境资源产权制度创新，具有重大的现实意义。

本书研究的理论意义。流域水权制度建设是水利经济学科研究的重要内容，也是社会主义市场经济理论体系的重要组成部分。到目前为止，无论国外，还是国内，还没有一套完整的、成熟的初始水权分配和水权交易方面的理论，还没有一套完整的、成熟的防治水污染的水环境资源产权制度理论。我国在此方面的研究正处于初始探索阶段，我国流域水权制度的建设迫切需要水权理论的指导。因此，开展流域水权制度研究，无论对水利经济学科的建设和发展，还是对社会主义市场经济理论的完善与发展，都具有重要的理论意义。

1.3.2 技术路线

运用比较法，对国内外的水资源所有权与使用权制度、水权配置制度、水权交易与水市场、法律准则和机构体系等进行了比较分析；运用新制度经济学理论、产权管理理论、法学理论、水资源理论、经济环境理论、可持续发展理论等，对流域初始水权配置、流域水权交易、流域水权监管等基本目标与原则进行了分析，对流域水权制度体系与安排以及习俗在水资源分配中的作用进行了研究；运用新制度经济学理论对我国以用水目的为标准确定的初始水权配置优先位序进行了重新界定，采用层次分析法（AHP）模型分析了基本情景用水量的分配问题，运用博弈论分析了两步合成法进行初始水权配置的正确性与优越性，运用管理学等知识对流域水权管理模式与水权配置体系建设进行了研究；运用经济学、管理学等知识对流域水权交易与流域水市场的主体、客体、市场模式、交易规则、交易价格等进行了研究；运用环境经济学、水环境产权理论与博弈论等有关学科知识，对采用水环境产权制度创新防治水污染进行了理论分析；最后以黄河流域为案例进行了分析。

本书技术路线可用图 1-1 表示。

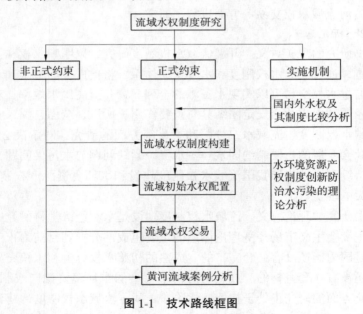

图 1-1　技术路线框图

第 2 章　国内外水权及其制度比较分析

水权制度是初始水权配置、水权交易和水市场的基础。水权的初始分配、交易或转让是依据一定的水权制度来进行的。建立水权制度的目的是实现水资源的优化配置和水资源的可持续利用。不同的国家和地区，由于其社会制度、社会习俗、自然条件和经济社会发展水平不同，其实施的水权制度与交易也可能不一样。本章通过对美国、英国、澳大利亚、法国、日本、加拿大等一些发达国家，以及智利、墨西哥等一些发展中国家的水资源管理、水权制度、水权交易、水市场等方面的研究，并与我国水权制度现状进行了分析比较，总结出了中国水资源日益短缺甚至枯竭的严峻形势——水荒，缘于目前中国的水权虚位。因此，我国要实行水资源优化配置、提高水利用效率，就需要从根本上对水权加以认识，必须尽快推进水权制度建设，明晰水权，通过水权配置、水权交易等一系列制度创新，建立和完善我国的水权方面的法律法规，才能促进水资源的合理配置、高效利用和有效保护，才能有效解决水资源的供需矛盾。

2.1　几个概念的界定

2.1.1　水权和流域水权

2.1.1.1　水权

根据第 1 章关于水权概念的分析，可以看出我国理论界对水权概念认识不一致，没有一个统一而又权威的定义，但大多数学者认同的是：水权一般指的是水资源的使用权，用水户取得的也是对水资源的占有和使用权。

本书认为，水权是由不同种类的权利组成的水权体系，包含以下几方面：从所有权的角度看，水权的定义应包括行政管理权；从各级各类用水户使用的角度看，水权的定义应包括取水权、蓄水权、排水权（包括排污权）、渔业权、航运水权、发电水权等；从水权交易与水市场的角度看，水权的定义应包括经营权；从水权使用和经营所获得的收益的角度看，水权的定义应包括收益权；从防洪、生态环境等社会公益性等所需水权的角度看，水权的定义应包括社会公益性权等。因此，为了实现上述水权中不同种类的权利，水权的定义应包括或者是具备以下几种要素：水量、水质、抽水率、取水地点、取水时间、优先级、存取权等。

2.1.1.2 流域水权

流域水权是以流域为单元的由不同种类的权利组成的水权体系。流域水权与一般水权均是由于水资源的稀缺性所引起的，不同之处在于：一般水权的产生是由于水资源存在宏观稀缺，而流域水权是由流域内水资源稀缺引起的。一般水权包含两层含义，首先，从水资源的宏观供求角度看，一般水权意味着，无论局部的水资源是否稀缺，都要承认一般水权的存在，才能在宏观上抑制过度用水；其次，从水资源分配的角度看，水权只有具有一般性，才能公平评价不同地区不同用途的水资源使用是否有效。对于流域水权而言，由于不同的流域有着不同的稀缺程度，如果水权体系中只有一般水权，是不能同时反映不同流域的不同稀缺程度的。所以，既然水权的设立与稀缺程度相关，只要一个流域水系存在着全流域的稀缺，也就应在一般水权之下设立流域水权，以反映不同流域的稀缺程度。

流域水权与区域水权也有很大的不同。流域水权是指流域内各项水权的总和，而区域水权指的是行政区域内所拥有的各项水权的总和。二者既有联系，又有区别。从一般意义上说，它们均是一系列具体水权的总和。当流域处于一个行政区域内，不存在跨地区的水资源配置问题时，流域水权等同于区域水权；当流域处于两个以上行政区域内，水资源在不同行政区域进行配置时，流域水权区别于区域水权[83]。

相对于河流水权而言，流域水权具有更加丰富的内涵，它不仅包括流域地表水水权，而且包括流域内的地下水水权。根据不同的分类标准，可对流域水权进行不同的分类：① 根据水资源分布空间，可把流域水权分为地表水水权和地下水水权两类；② 根据水权的权利构成，可分为所有权（包含着管理权）、使用权、经营权、收益权四类。

流域水资源的使用权是由所有权派生并分离出来的一种权利，目前水资源的使用权是水资源的所有权归国家所有的一种体现。水资源的使用权一旦从所有权中分离出来，其权利主体随即发生变化，不再是笼统的归国家所有和使用、收益等，而是比较具体的用水户。水资源的使用权是用水户在法律规定范围内对所使用水资源的占有、使用、收益和处分的权利。用水户在使用水资源时，具有不同的使用用途，不同用途的水资源使用权构成了各种具体的水权：取水权、航运权、渔业权、发电权、排污权等等。

水资源的收益权包含两种：一种是国家作为所有者而取得的所有权收益，如水资源使用费、水权交易税等；第二种是水资源消费者使用水资源时的使用权收益。

综上所述，流域水权体系可以细分如图 2-1 所示。

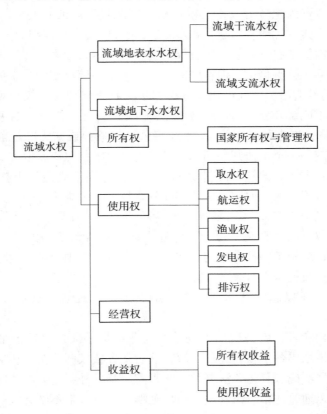

图 2-1　流域水权体系

2.1.2　水权配置与初始水权配置

水权配置指的是水资源的产权配置。对水权配置的概念进行界定，首先需要了解水资源产权与产权配置两个概念。水资源产权也即是水权，前面已进行了详细界定；产权配置指的是将产权体系中各项权利逐层分解，并把与水资源开发利用和管理的行为主体进行角色定位，然后将各项权利落实到相应的行为主体身上，并使之明确化、具体化和法制化[84]。

其次，需要了解产权的配置方式，一般而言，产权配置方式有两种：市场手段与非市场手段。在我国非市场手段主要表现为计划（政府）配置方式。究竟哪一种配置方式更有效？在理论界存在很大争议。在早期的制度经济学产权理论中，往往认为市场配置意味着较高的效率，但随着研究的深入，越来越多的学者认识到非市场配置的重要性。巴泽尔在他的著作中详尽描述了非市场资源配置方式，其中包括政府配置资源的必要性[85]。有关各种水权配置方式的优势与不足，在本章2.2.2节中有比较详细的分析。

最后，需要了解产权的配置目标：公平与效率。很多人在谈及产权问题时，往往忽略了公平目标，但在实际中，二者是同等重要的。正如黄少安所指出的："既然运用制度（产权）分析方法，研究制度（产权）对经济效率的影响，就不能绕开公平而论经济效率。"因为，效率与公平的关系是经济学的永恒主题，二者相互影响。"不能将公平抽象掉或作为既定前提而论效率……公平观是一个价值判断问题，是对财富分配状况或获取方式的主观评价"[86]。效率是指在既定产权制度（公有、私有或不确定）下按照个体利益、利润或效用最大化原则，以帕累托效率标准（一组边际条件）来配置资源。公平不是平均主义，而是"机会均等"，是"站在同一起跑线上"的竞赛，是包含效率的公平观。社会在保证个体生存生活所需的基本资源量以外，个体对社会资源的拥有量与个体支配、占有、使用资源的效率有关，与个体的知识、技能水平有关[87]。

有了对上述概念的认识后，本书给出了水权配置与初始水权配置的概念。

所谓水权配置，就是运用市场手段与非市场手段，兼顾公平与效率目标，将水权体系中各项权利逐层分解，然后将各项权利落实到相应的行为主体身上，使之明确、具体并法制化。水权配置是一种利益分配，既可以通过市场，也可以通过非市场来解决，但单独哪一种方式都不能有效解决，水权的配置方案不仅仅需要技术上、经济上的可行性，更重要的是政治上的可行性。

初始水权配置是水权配置的一个重要组成部分，是水资源产权在不同用水主体之间的初次分配。关于初始水权配置的概念主要有两种观点，主要区别在于初始水权占有主体的不同。一种观点认为，初始水权配置就是按照一定的原则，通过水资源总体规划和水资源配置方案在流域和地区之间初步实现水资源的合理配置[88]。另一种观点认为，水资源利用的最直接用户是以企业或家庭为主的社会团体，水资源在这些团体之间分配就是初始产权配置[89]。

这两种观点并不矛盾，它们分别在不同层次上考查了初始水权的配置问题。从流域水权的角度来看，水权初始配置包括三个层次：首先是水权在流域内各行政区间的分配，其次是水权在各行政区内的不同行业用水区间的分配，最后是各用水区内最终用户间的水权分配。经过这三个层次，完成了初始水权的配置。在以上三个层次中，流域内的行政区、行业或用水区、最终用户构成了水权的一级、二级、三级……用水户（因流域的大小而分级数不一样）。第一、二层次上的用户在初始水权的配置过程中，不仅充当水权的主体，而且在向下一级用户分配时，又成为分配的权威者，具有双重身份。

2.1.3　水权交易与水市场

水权交易与水市场是一对既密切相关又有所区别的概念。二者的相同点在于均存在水权的转换；二者的不同点在于，水权交易是一种市场交易活动，而水市场则是市场交易活动与交易关系的总和。

2.1.3.1　水权交易

彭立群认为，水权交易是在市场经济条件下运用市场为基础的经济手段来平抑水资源分布的不平衡，以此来促进经济的增长，是水资源有偿使用制度的现实体现，是水资源保护手段的市场选择，并将被证明是有效解决水资源问题的最佳选择。这个概念给出了水权交易机理以及目的，但缺乏对交易过程的描述[90]。张郁等认为水权交易是水权供求双方在水市场上进行水资源使用权、经营权的买卖活动[91]。这个概念对交易过程进行了描述，但缺乏对交易机理等方面的概括。

综上所述，本书认为水权交易是通过市场机制来配置水权，根据供求关系调节水权需求的一种交易行为，以实现水权的合理、高效使用，最终达到水权的优化配置。

2.1.3.2　水市场

水市场又称为水权市场或水权交易市场。对于水市场的概念，一些学者提出了自己的观点。葛颜祥等认为水权交易市场是运用经济杠杆和政策调节水的供需关系，促进水资源的合理配置和高效利用。通过水权转让的市场机制，交换双方的社会福利同时增加。政府通过对水市场的干预，可以保证水资源的合理配置。通过市场机制，整个流域总用水量得到强有力的约束，使流域内各区域之间用水得到优化[92]。吴恒安认为水市场就是通过买卖水，用经济杠杆推动和促进水资源优化配置的良策，这对水资源短缺的国家和地区，实在是一个充分发挥水资源效益的好办法[93]。胡继连等认为水权市场即水权交易关系的总和。在这里，"交易关系总和"的具体内涵包括三个方面：一是交易主体，即谁参加交易；二是交易客体，即交易什么东西（交易的对象是什么）；三是如何进行交易（交易方式或交易规则）[94]。

　　本书倾向于胡继连等人的观点，认为水市场是水权市场交易活动与交易关系的总和。交易活动指的是水权交易活动，包括有正规交易场所的交易（场内交易）和无正规交易场所的交易（场外交易）两种；交易关系包括交易主体、交易客体、交易方式或交易规则等方面。

2.1.4　水权制度

　　对于制度的涵义，诺思认为制度是一种社会博弈规则，是人们所创造的用以限制人们相互交往的行为的框架。T.W.舒尔茨把制度定义为一种行为规则，这些规则涉及社会、政治及经济行为。根据西方新制度经济学关于制度的定义，本书认为水权制度是指在水资源出现短缺时，为达到水资源合理配置的目的，导致的水资源产权制度的产生或创新，并在水资源管理及使用过程中逐步完善形成的一系列规范的水资源产权的界定、使用、经营、收益、监督和管理（保护）等方面的行为规则。这些规则包括正式规则（法律、产权制度、合同等）与非正式规则（规范和习俗）。水权制度的核心是水资源产权（财产权）的明晰和确立，包括水权分配、登记、公示、水权的优先权确定，以及基于民事法律的水权裁决等内容。

　　水权制度由社会认可的非正式约束、国家规定的正式约束和实施机制三部分构成。非正式约束是人们在长期的水资源开发、利用与管理中无意识形成的，具有持久的生命力，并构成代代相传的河流文化的一部分。比如黄河水资源开发利用的习俗构成黄河文化的一部分。从历史来看，在正式约束设立之前，人们之间的关系主要靠非正式约束来维持，即使在现代社会，正式约束也只占很少的一部分。正式约束是指人们在长期的水资源开发、利用与管理中所创造的一系列政策法则，包括政治规则、经济规则等法律法规、条例、办法、实施细则以及契约等，其中政治规则并不是按照效率原则发展的，它受到政治的、军事的、社会的、历史的和意识形态的约束。水权制度构成的第三个部分是实施机制。人们判断一个国家的水权制度是否有效，除了看正式约束与非正式约束是否完善以外，更主要的是看水权制度的实施机制是否健全。离开了实施机制，那么任何水权制度尤其是正式约束就形同虚设。"有法不依"比"无法可依"更坏。

2.2　水权制度比较分析

2.2.1　水资源所有权与使用权制度的比较分析

2.2.1.1　水资源所有权与使用权制度主要类型的比较

　　目前，世界上存在的与水资源所有权与使用权制度有关的几种基本水权理论：沿岸所有权理论、优先占用权理论、公共水权理论等。各种水权制度都把水资源所有权与使用权制度放在首要及重要的位置，水资源所有权与使用权在不同的水权制度中具有不同的类型。水资源所有权与使用权制度主要有三种类型：①河岸权制度；②占用优先权制度；③公共水权制度。这几种制度均是在地表水用水实践中发展起来的，其特点如表 2-1 所示。

表 2-1　世界主要国家水资源所有权与使用权制度比较

制度类型		河岸权制度		占用优先权制度		公共水权制度	
典型国家或地区		美国、英国、澳大利亚	法国	美国西部	加拿大不列颠哥伦比亚省	中国、智利、墨西哥、南非	印度
体制	所有权	私有水权公众或州所有	私有水权国家所有	私有水权公众或州所有	私有水权王室所有	公有水权国家所有	公有水权邦所有
	使用权	土地所有者拥有；合理使用	用水许可	时先权先有益使用不用即作废	时先权先用水许可	用水权用水许可	联邦政府行使干预权
	所有权与使用权界定	清晰	清晰	清晰	清晰	不清晰	不清晰
运行机制	计划机制	弱	弱	弱	弱	强	强
对下列方面的影响	公平	弱	弱	一般	一般	强	强
	宏观效率	弱	弱	一般	一般	强	强
	微观效率	一般	一般	强	强	弱	弱

　　根据表 2-1 中三种水权制度进行的比较，首先看所有权方面，河岸权制度与占用优先权制度属于私有制国家下的水权制度，公共水权制度属于公有水权制度，这是三种水权制度的本质区别。但无论是以非公有产权制度为基础的私有水权制度，还是以公有产权制度为基础的公有水权制度，其水资源的所有权绝大多数属于国家或公共所有。如美国与澳大利亚，均为私有制国家，但其水资源所有权归公众或州所有。实践证明，水资源属于国家所有或公共所有是目前最好的水权制度。

　　关于水资源的使用权问题，应结合所有权制度进行分析。水资源使用权差异性较大，不同的制度有不同的特点，即使是同一种制度之间也存在差异性。如美国西部与加拿大不列颠哥伦比亚省均实行占用优先权制度，但其使用权具有一定的差异性。美国西部是占用优先权历史悠久且发展较为完善的地区，符合使用的主要条件是：一是时先权先，先占用者有优先使用权；二是有益用途，即"有益使用"——水的使用必须用于能产生效益的活动；三是不用即作废。不列颠哥伦比亚省的水法对于所有的地产拥有者，在其领地所属的或毗邻的水源都一律平等地按照"时先权先"的原则，来获得引水和用水的权利。要获得使用地表水的权利，必须持有用水许可证或根据水法获得批准证。具体到一种所有权所采用的使用权形式，不同的国家或地区有不同的选择，应该结合当地的实际情况。

关于所有权与使用权的界定。河岸权制度与占用优先权制度对水资源产权的界定较为清晰，而公共所有权制度在产权界定时较为模糊。关于运行机制，三种制度具有较大的差异性，公共水权制度强调了水资源的开发利用的计划性原则，水资源的开发利用服从国家经济发展计划，通过行政手段进行水资源的配置和水量分配[95]，计划运行机制较强，而河岸权制度与占用优先权制度的计划运行机制较弱。

关于三种制度对公平与效率目标的影响，更是具有较大的差异性。河岸权制度在水资源使用的宏观效率方面影响较弱，在微观效率方面由于难以实现非毗邻水源土地的用水需求，其用水效率也一般，故河岸权制度公平目标的实行能力最弱。占用优先权制度在微观用水方面效率较高，但在宏观用水方面效率一般，其公平目标的实行能力一般。由于水资源的开发利用服从国家经济发展计划，公共水权制度的宏观效率较高，其公平目标的实现能力也较强，但由于其对微观用水主体的水权界定模糊，故在微观用水方面效率较弱。

总之，河岸权制度的优点是强调水资源的合理使用，对水资源产权的界定较为清晰，土地所有人可以根据土地的所有权获得水权。但是该制度限制了非毗邻水源土地的用水需求，影响了用水效率和经济发展。美国东部最初的河岸权，只以拥有滨岸土地为拥有水权条件，但该制度影响用水效率和经济发展。为此，美国在采用河岸权制度的同时，做了相应的改进，对非河岸的用水者实行了许可证制度。澳大利亚最早实行的是河岸权制度，与河道毗连的土地所有者拥有用水权，并可以继承。20 世纪初，认识到河岸权制度不适合相对缺水地区，当时的联邦政府通过立法，将水权与土地所有权分离，明确水资源是公共资源，归州政府所有，由州政府调整和分配水权。占用优先权制度的优点是强调水资源的有益使用，增加了水资源使用的微观效率，缺点是在宏观上缺乏引导提高水资源配置效率和使用效率的制度结构。公共水权制度的特点是：所有权与使用权分离，水资源属国家所有，个人和单位拥有水资源的使用权；水资源的开发利用服从国家经济发展计划；通过行政手段进行水资源的配置[95]。公共水权制度强调了水资源的开发利用的计划性原则，而忽视了对市场原则的重视，最终造成了微观层次上的水资源"过度使用"，形成了"公有地悲剧"。

2.2.1.2　其他水资源所有权与使用权制度

除了上述几种水权制度之外，一些国家或地区还有其他关于水资源所有权与使用权制度。分述如下：

（1）公共托管制度。公共托管制度（the public – trust）源于普通法，是指政府具有管理某些自然资源并维护公共利益的义务，该制度在美国西部被采用，作为改善占用优先原则不足的补充原则，目的是确保公共用水和保护公共利益[96]。

（2）惯例水权制度。惯例水权制度并非是明确的水权制度，它是由于惯例形成的各种水权分配形式，往往与历史上水权纠纷的民间或司法解决先例以及历史上沿袭下来的水权配置形式有关。它往往是占用优先原则、河岸所有原则、平等用水原则、公共托管原则、条件优先原则的各种形式的变体或复合体。世界上大多数国家都有自己独特的惯例水权制度，如美国采取的印第安人水源地原则[81]。日本也存在惯例水权，它是在干旱时期，村民团体发生水资源冲突时，由群众授权的团体在解决冲突的过程中建立和确认的。《河川法》也承认这种水权，并视其为法律许可的水权[13]。

（3）条件优先权制度。条件优先权原则是指在一定条件的基础上用户具有优先用水权。日本所采用的水权制度与占用优先制度相似，即各种水权中的优先权应当以批准水权的时间顺序为基础决定。如日本采用的堤坝用益权[97]，日本的《多功能堤坝法》使得水资源使用者能够取得使用水库蓄水的堤坝用益权。该权利是一种本质上类似于水权的财产权。市政供水、工业供水、水力发电的水资源用户可以分担建设成本而申请相应的水权。获得堤坝用益权的用户不受占用优先权原则的束缚，因为他们有权利用水库的一定贮存容量。当分配到的水库蓄水容量存蓄满后，堤坝用益权持有者将可以从堤坝甚至从下游引取这部分水资源。这一水权可能比以前的其他水权有更高的优先权。

（4）地下水水权制度。在地下水的用水实践中，一些国家或地区逐渐形成了一些地下水水权制度，如绝对所有权、合理使用权与相对所有权制度等等。绝对所有权是指土地所有者拥有其土地之下地下水的绝对所有权，可以任意开采使用，而不用考虑其合理性及对其他利益相关者的影响。合理使用权是指土地所有者拥有其土地之下地下水的所有权，但必须遵照合理使用的原则，不得对位于地下水同含水层之上其他相邻土地所有者造成不良影响。相对所有权是指某地下水含水层之上的所有土地所有者都有合理使用地下水的权利，但是，不仅用水要合理，还必须相互协调，即当水资源有限时要按各自土地所占比例取水。绝对所有权制度源于普通法的绝对所有权原则，即土地所有者拥有土地财产下地下水资源的绝对所有权。后来为了避免水资源浪费，同时保障地下水流域内其他用户的用水权，逐渐引入了合理性原则，并进而形成相对所有权原则[96]。如美国不同的州采用的地下水水资源所有权和使用权也不尽相同，并且一些州还不只设立一种水权制度，针对地下水的水资源所有权和使用权，主要采用的水权制度有绝对所有权制度、相对水权制度、专用权等。

（5）平等用水制度。平等用水是指所有用户拥有同等的用水权，当缺水时，大家以相同的比例削减用水量。在智利的一些地区采用了平等用水原则[98]。

2.2.2　水权配置制度比较分析

目前，世界各国进行水资源配置的方法大致可分为三种类型：①行政（政府）配置；②用水户参与或协商配置；③水市场。各种水资源配置方法的特点如表 2-2 所列[99]。

表 2-2　各国水资源配置特点

配置方法		行政（政府）配置		用水户参与或协商配置		水市场	
		按水量分配	按水价分配	参与模式	协商模式	不完全水市场	完全水市场
采用的典型国家或地区		中国、印度和许多发展中国家	南非	伊朗、印度尼西亚、印度、坦桑尼亚	法国、摩洛哥	巴西、印度、巴基斯坦	智利、美国加州
体制	水的财产权使用权授予机制	国家所有许可制度	国家所有支付费用	集体所有家庭分配	不能转让团体合同	不能转让个人合同	可以转让个人合同
对下列方面的影响	稀缺资源分配	弱	弱/一般		弱	弱	大
	水质	弱	弱		一般	弱	弱/一般
	公平	弱	弱		一般	弱	弱
	环境	弱	弱			弱	弱
	效率	弱	弱/一般	小	小	一般	大
	公众参与	没有	弱	需要	大	大	大
制约因素	政府补贴	高	一般	没有	一般	中等/高	没有/低
	交易费	低	低	低	高	中等	中等/高

水资源的行政（政府）配置，是由政府通过控制水量或水价机制在行业和地区间进行水资源的分配，这是一种自上而下的方法。该方法又可分为按量分配和通过水价分配两种形式。用水户参与或协商配置的方法，通常由代表用水户或相关利益团体的组织或代表控制水的分配。农民参与灌溉系统的管理就是这种方式的一个最典型的例子。水市场方式就是在市场经济条件下，利用市场机制配置水资源的方式。

由表2-2可以看出，水资源的行政（政府）配置方式的优点是交易费用低。采用该方式的主要原因是，认为水是公共财产，水是国家的经济命脉，私营企业不适宜经营并且其资金能力也达不到要求，水难以与其他商品一样对待等；按量分配的主要缺点是用水浪费、分配不当、投资不足、管理不善、政府补贴高、没有用水户参与、水资源价格扭曲、市场失灵、政府失效等；按水价分配的主要缺点是公平性不够、不能照顾到弱势群体以及低收入者、用水户参与不够等。用水户参与或协商配置方式的优点是用水户参与性高；缺点是因该分配模式基于需要具备控制水权的集体管理体制，这种管理机构的能力不足或不确定往往导致难以高效配水，公平性也不够，对节水也难以评估等。水市场方式的优点是配水效率高、用水户参与性高、高效用水并可促进节约用水等；缺点是交易费用高、不能照顾到弱势群体及低收入者、对环境积极作用的机制不够、对水的测量与供水设施要求较高等。

2.2.3　水权交易与水市场比较分析

2.2.3.1　水权交易的原则及规则

澳大利亚的批发水权、许可证和用水权均可交易。在满足保护河流基本生态环境和对第三方利益以及控制供水能力与控制灌溉盐碱化的条件下，允许进行地表水和有条件的地下水的交易；所有水权、水的使用和交易，应以合适的水资源管理规划和农场用水管理规划为基础；注重交易的成本和影响；构建有利于水市场有效运行的管理体制和管理机制等。地表水交易应符合河流管理规划及其他相关资源管理规划和政策。地下水交易一般只能在共同的含水层内进行，同样要符合地下水管理规划及其他相关资源管理规划和政策。在维多利亚州，《水法》中对水权交易规则有详细的规定，主要有：①转让人必须事先向有关部门提出申请，并缴纳规定的费用；②自然资源和环境部在考虑由其组织的调查组的意见和其他必须加以考虑的因素后，可以批准批发水权或许可证的转让，也可以不予批准；③在批发水权永久转让后，出让人必须申请调整授权[100]。

2.2.3.2　水权交易的方式

　　美国西部地区、澳大利亚、智利和墨西哥等国家建立了较为完备的水权交易体系，为了便于进行比较研究，现分别将其交易方式列于表2-3。由表2-3可知，一些国家和地区的水权交易方式呈现多样化、灵活性的特点：有长期（永久）交易，也有临时交易；有区域内交易，也有跨区域交易；有行业内交易，也有跨行业交易。

表2-3　各国水权交易方式比较

国别	州（市、地区）	水体	交易方式		
美国	亚利桑那、加利福尼亚、科罗拉多、新墨西哥、犹他、怀俄明	地表水	长期交易	行业内交易	农业到农业、非农业到非农业
				跨行业交易	农业到非农业、非农业到农业
	科罗拉多	地表水	长期交易	流域内交易	农业用水向丹佛和普韦布洛市城市用水与向韦尔和科伯山旅游用水的转让
				跨流域交易	阿肯色流域的农业水转让和科罗拉多运河与落基福特渠水转让
	亚利桑那		长期交易	地表水交易、地下水交易和污水交易	
	科罗拉多	地表水	临时交易	非正规用水转让	
	加利福尼亚	地表水		水银行	
澳大利亚		地表水	永久交易	州内永久交易、州际永久交易	
			临时交易	州内临时交易、州际临时交易	
智利	迈波河流域上游的圣地亚哥	地表水	永久交易	部门内交易	非农业到非农业
	拉塞雷		永久交易	跨部门交易	农业到非农业
墨西哥	杜兰戈/科希利	地下水	永久交易	跨部门交易	农业到非农业

　　注：为便于比较分析，表中交易方式中的长期交易与永久交易的含义相同。

　　一些国家和地区的水权交易由来已久，如澳大利亚的墨累－达令河流域的水权交易。该流域水权交易最早出现在1939～1940年，当时由于大旱，公共所有的土地之间被允许进行有限的水转让[101]。也是由于应对干旱的需要，1967年墨累峡谷几个区域内部和区域之间、家庭成员之间被允许临时的水权转让[102]。

20世纪70年代以来，先是在澳大利亚的新南威尔士州和南澳大利亚州，后来又在昆士兰州和维多利亚州，临时水权转让已成为约定俗成的事实[102]。20世纪90年代开始出现永久转让[102]，1998年首次允许水权的跨州永久转让[101]，同年，出台了流域内跨州水权交易构想与计划目标。目前，墨累－达令河流域内存在一个活跃的水市场，包括互联网在线交易方式（例见戈尔波恩墨累河水资源公报，2002）。大部分水权交易仍是临时的，并且发生在州内[103]。

2.2.4 法律准则和机构体系比较分析

各个国家或地区用水法律准则各不相同。一国水法的本质是对政府在用水和水分配立法的能力产生影响，也对环境需求的实施产生影响。如，美国的科罗拉多州和智利的私人持有水权受到各自宪法的保护。因此，这些地区的政府不能重新分配水权或变更现有水源来保护环境。如果这些地区的政府希望向环境重新分配水，那么它们必须通过其他方式来进行，比如购买其他人的水权、采集额外水或者投资节水技术。在澳大利亚和美国等联邦国家，一些州政府有权使用、控制和流动水，而在其他地区，这一权力属于国家政府。在大多数地区，政府有权颁布水权，影响水资源分配并管制水工程和水使用。

2.2.4.1 立法

在过去的100年内，对稀缺水资源的竞争促使政府引入新的管理法令。20世纪60年代到70年代，是世界水立法大发展时期，许多国家制定了新水法，或修订了原有水法（发达国家的水立法则可追溯到20世纪30年代左右），其显著特征为：强调对水资源的综合开发和利用。立法是水资源管理发展到一定阶段的必然产物，以法律形式代替行政命令并且按综合利用的原则管理水资源，这一管理方式的变革是水资源管理史上的重大进步。各国水法主要是针对水资源的管理、开发、利用、水质保护和防洪等方面进行立法，通过立法逐步形成了一系列行之有效的管理制度。

通过水立法形成的一些制度：

- 用水许可制度
- 环境影响评价制度
- 有偿用水制度
- 排污许可和排污收费制度
- 投资分摊制度

2.2.4.2　机构体系

世界上主要的水资源管理体制有以下几类（按特点划分）：流域统一管理（英国、西班牙、澳大利亚（以州为核心）、法国（以流域为基础的三级协商管理）、美国（流域综合开发利用））、国家管理（奥地利、丹麦、瑞典、芬兰、意大利、墨西哥、埃及、以色列）、国家和地方政府共同管理（加拿大、瑞士、南斯拉夫、荷兰、印度、朝鲜）、多部门管理（日本）、分散式管理（智利）。无论各国管理体制如何，在水权管理方面，通常会有以下机构参与管理：政府机构、社团、法庭、裁判庭和私营企业、用水户协会和灌溉区等。在大多数地区，存在类似机构承担水权管理。

（1）水权机构。主要有七种类型的机构参与水权管理，见表2-4。

表2-4　水权机构及其职能

机　构	职　能
政　府	制定并实施水和自然资源管理政策，确保遵循这些政策；制定水权分配和水使用的规章制度；向其他机构委托水权管理职责；审查资源规划和分配决策。相关政府部长通常负责总体水权管理
法　庭	管理水权、决定水权申请并解决争端
流域管理局	对流域水资源进行协调管理；制定流域资源规划；参与水权分配和水输送
地区水利（务）局（城市和乡村）	其职责包括：为各自批发水权制定水资源规划；管理水权；决定水权申请；维持水权登记注册；监督并执行水权。城市水利局一般负责水配送，并作为城市用水户的零售商
水配送与供应公司	根据水权和年分配量向用水户供水
咨询委员会	提供技术建议、环境要求和保护建议以及社区需求建议
用水户协会和灌溉区	负责向成员输送水。通常代表成员持有水权，担任工业用水户的零售商

（2）水权管理机构职能。立法中通常会界定水权管理机构的职能。这些职能通常可以分为以下几类：①制定政策包括立法、建立水权定义及分配指导原则（这通常由政府承担，有时在咨询机构的协助下进行）；②水权分配发

生在不同等级，水权管理机构主要向大宗用水户和工业用水户分配水权（而环境与消耗性用途的水权初始分配，通常由政府与环境部门和流域管理机构进行磋商后，由政府负责配置）；③水权管理机构每年对可用水量进行评估后，根据水权、立法、资源规划、获取程序、指导原则、规章制度和合同来向水权持有者分配可用水；④水权管理，主要包括发布水权管理申请、颁布新水权或变更现有水权等，而最普遍的水权管理是由法庭和水利局根据资源规划、指导准则、法律和规章制度共同开展；⑤监督与执行，以确保符合水权并满足环境要求，以保证水权的分配和使用，但在研究地区这一职能通常与分配职能分离，以防引起利益冲突。

　　以上所述不同水权管理职能一般应分配在几个不同的管理机构，以便减少可能引起的利益冲突，并且在不同机构之间没有完全分离上述职能，这是因为在机构之间分割职能可能会增加成本。在大多数调研地区，无论是国家管理、流域统一管理，还是国家和地方政府共同管理，主要由政府机构负责总体水管理，而不是由大量小规模专业机构进行管理。

2.3　几点启示

2.3.1　所有权与使用权制度的启示

　　水资源的所有权属于国家或州等，这是一个国际公认的基本的水权所有制形式。国际上现行的基本水权理论和水资源所有权与使用权制度可分为私有水权制度和公有水权制度两种[89]。以非公有产权制度为基础的水权制度主要形成和应用于实行英美法系的国家，包括河岸权、优先占有权以及绝对所有权与相对所有权等类型。在以非公有产权制度为基础的水权制度中，河岸权制度与优先占有权制度是在地表水的用水实践中形成的；绝对所有权与相对所有权等是在地下水的用水实践中形成的，这些水权制度均是以非公有产权制度为基础的水权制度，注重对私有水权的界定，目的是为解决水权纠纷提供法律依据。公共水权制度解决了水资源宏观上的低效率，在水资源开发利用的宏观层次上，强调计划机制的作用，实现了水资源开发利用的高效与公平性原则。河岸权制度对黄河流域的水权分配具有适用性。我国实行的是公共水权制度，水资源属国家所有，任何公民都有享用国家水资源的权利。但对于一个流域的地表水资源，谁有资格参加分水？这一问题至今没有统一的认识。有人说应按流域确定取水资格，只限于流域内各行政区的用水户。其实，这是个模糊概念。比如，黄河水流经河南、山东两省，但河南、山东的大部分沿黄地区不属于黄河流域，这些地区的用水户应该不应该有权利分得黄河水？如果按流域内来划分，那么，河南和山东的用水户会说，黄河如果治理不好，洪水会对这两省沿黄地区的经济社会造成巨大的损失，这些损失是不是应该由黄河上游地区的省区给予赔偿。因此，不能简单地根据流域来决定是否有分水资格。本书认为应按流域并采用河岸权的形式确定取水资格，即不仅流域内的用水户有取水的资格，沿河两岸的用水户也有取水资格。

"时先权先"原则是一条可以解决水权分配中所说的政治问题比效率更重要的原则。我国在构建新的水权制度时，也应遵循优先占有权原则，即时先权先的原则。因为我国以前没有施行水权制度，现在开始着手这方面的工作，如果将从过去到现在一直遵循的用水规则全部否定，势必会影响到社会的稳定。我们在采用优先占有权的同时，可以附加一些条件。比如，如果用水者不是合理用水，将取消该用水户的取水资格；如果在规定的期限内不用水（一般2年至5年），用水者将自动丧失继续引水和用水的权利；同时也可以规定，以优先占用权获得的水权如果有剩余，以不使用为由自动上缴国家，以优先占用权获得的水权不准买卖等。另外，在引进国外的"优先占有权制度"时，要充分考虑国内各地区的用水习俗等非正式约束规则，否则，再好的制度也会失灵。

明晰水权是市场经济制度下优化配置水资源的基本要求，进行我国水权制度创新，应立足于水资源所有权和使用权的分离。从表2-1可以看出，无论哪一种制度，均要求水资源所有权和使用权的分离。我国只有通过水资源所有权和使用权的分离，按照一定的法律程序使用水户取得对水资源的占有和使用权，然后才能进行市场化运作。水权法是一种财产法形式，确立人们使用、支配和处置有效供水要求的权威。作为一种"利益共同财产的个体权"的水权，承认既有利益的个体性又有利益的共同性。我国和世界上许多国家都规定水资源公有，但我国没有规定使用权的归属。在实行水权制度改革后，应建立相应的法律法规保护用水户的使用权不受侵害，如同保护农民的土地承包权一样。对此，我们不仅要认真研究我国水资源的产权制度理论创新，并且还要认真研究水权制度创新后的实践问题，即在实践上进行我国的水权制度创新，把成功经验和实践证明是行之有效的水权制度进行全面推广。

2.3.2　水权配置制度的启示

水权分配制度演变应属渐进模式。与其它一些国家相比，我国目前采用的仍是传统的计划经济制度下形成的水权分配模式——行政配置模式，这种模式已不能适应社会主义市场经济的需要，亟待改革和完善。根据国外有关经验和教训，我国水权配置制度的建设应紧密与国家经济体制改革总体方案同步实施。按照我国目前的市场化程度，因地制宜、循序渐进地进行水权配置体系的创新。

水资源配置需要政府来调控，应建立平等参与的政治民主协商机制。我国新的水权配置制度的建立，首先是水权制度建设，其次是水权配置体系建设。水权制度建设的首要任务是划清水权的权属范围，明确水权的法律地位，以法律建设促成水资源使用权即水权的形成，使水权明晰化。即在水资源所有权国有的前提下，水权应强调所有权相对分离的使用权，水权分配应转变行政许可管理模式下所有者的本位，对这种使用权进行界定，以使对我国用水户获得的初始分配的水权赋予法律地位。

水权配置体系建设的基本思路应是：国家统一管理，纵向分级配置，横向分类配置。纵向分级配置的含义是指，以流域为单元进行水权配置，由上而下逐级层层分解，将水权落实到各个用水户。国家水权监督管理机构或者是流域管理机构（或者是流域级别的水权监督管理机构）按照国家发展规划的宏观指标体系，负责对水资源进行初始配置，经初始分配把用水额度下达到具体用水地区（或省（区）、或市、或县等地区），并分级对水资源进行管理（国家级的流域，其分级层次为中央、流域、省（区）、地方；省（区）级的流域，其分级层次为省（区）、流域、市；市级的流域等，依此类推），但对水资源的使用权应依法进行规范与监督。二次分配，流域内的省（区）级、或市级、或县级人民政府水行政主管部门，根据不同行业、用途等宏观指标体系和国家制定的有关定额与指标，对本地区获得的水量，进行二次配置（分配使用权）。二次配置，也称横向分类配置。各级人民政府水行政主管部门所掌握的水资源使用权，应依此类推进行水权的三次、四次配置，最终把水资源的使用权分到各行各业不同用水户手中。

2.3.3 水权交易制度的启示

2.3.3.1 水权交易制度的作用和优点

Charney 和 Woodard（1990），以及 C.Howe 等（1990）估计了在农业损失水地区农村向城市的水转让的影响，显示出非间接的、对上下游高度民主地区化的农村商业活动的影响可能很大[104]。从目前各国水权交易的实践效果来看，水权交易制度具有以下几方面的作用和优点：

（1）避免了水资源利用中的"市场失灵"和"政府失灵"，而且还发挥了市场和政府各自的优势，是一种比较成熟和可行的水权制度。

（2）通过水权交易，起到了节约用水、提高水资源的利用效率和优化水资源配置的作用。Chang 和 Griffin 回顾了 Rio Grande 山谷下游的水制度，估计了将水资源从农业向城市转移的收益[105]。Dinar 和 Letey（1971）运用加中部山谷的微观生产模型，建议水市场可以增加农民的利益，减少农民的用水，增加农民对节水技术的投资[106]。Maass 和 Anderson（1978）评估了西班牙等国的水市场，发现市场体系比邻近社区的轮灌体系能够对地区收入产生更大的净收益[107]。西班牙的水权交易经验表明，鼓励将水资源不用于灌溉而用于其他用途，会促进灌溉和输水技术的投资。墨累－达令河流域的经验也告诉我们（DNRE，2001）[108]，市场将水资源重新配置到经济效益最好的地方，促进了水资源更高效的利用。Armitage 等通过对南非两个灌区实例的研究发现[109]，转换给农民的水权，单位水资源的利用效率得到了最高回报。

（3）提高了用水者在水资源管理和分配中的参与能力，增强了与政府部门及其他组织讨价还价的能力；从而也促进了水资源分配的公平性。

（4）可以改进供水管理水平。实行水权交易以后，供水部门（特别是城市和工业的供水部门）认识到他们再也不可能通过国家无偿地剥夺农民的水权来得到水资源，因而他们积极通过改进管理和服务水平来增进效益。

（5）可以形成新的投融资环境，克服计划经济条件下形成的水利工程靠国家单一投资而导致的资金短缺的局面。

（6）国际上的经验表明，对于水资源短缺国家，通过水权交易，利用市场机制重新配置水资源是很好的办法。在澳大利亚，水交易正在使水资源在用户之间及用户与环境之间重新配置。日益增加的交易量有助于灌溉产业长期的结构调整；而跨州水交易能大大简化调整过程（Thomas，1999）[82]。Young 等（2000）指出[110]，墨累－达令河流域的跨州水交易增加了水的使用价值，提高了经济效率，而且对售水地区没有产生任何能测量到的负面社会影响，对需水地区却有显著的积极的社会意义。为了促进试点地区的水改革，帮助其实施，跨州水交易的关键内容列入了墨累－达令河流域协定（Schedule E；MDBC，2002）[111]。

（7）可以减少环境恶化的诱导因素。澳大利亚专门确定了给环境分配水量的政策[112]；并且各国或地区对水权交易中的水质要求做了明确的规定。Colby Saliba 和 Bush（1987）、Colby Saliba（1987）对水质问题进行了讨论[113]。一系列政策与规定以及专家们的呼吁，促使用水者自觉提高了环境意识。

（8）有效遏制地下水的滥采滥用。美国经验表明，利用资本和交易系统，将地表水和地下水作为一个整体来管理，通过建立抽水信用证制度，将抽水信用证分配下去并推动其交易，保证了河流的环境流量和地下水的进一步开发。美国德克萨斯州的爱德华滋蓄水层的抽水信用证的市场交易十分活跃。

2.3.3.2　水权交易与水市场的启示

水权交易与水市场要取得成功，首先必须对水权进行清晰的界定。水权界定不仅包括水资源的所有权、使用权，更重要的是水使用权，所以还需对水权精确定义，即在水量、使用期、可靠性等方面进行确定。

其次，从流域的角度进行各区域的初始水权配置是水权转让工作的前提。如果一个流域内的各地区水权不明确，且没有进行初始水权配置，水权转让工作将会遇到极大的困难，即便勉强实行，也会引起种种矛盾甚至利益冲突。

第三，建立完善的水权水价制度。美国加利福尼亚州采用了双轨制水价，具体做法是将水权规定水量中的一部分按供水成本价收费，其余部分的水价则由市场决定；墨累－达令河流域水权交易的水价则完全由市场供求决定。不管采取哪种方法，基本原则是水价不仅要反映水资源的开发利用成本，更重要的是反映水资源的稀缺程度。

第四，加强水权交易管理。在清晰界定水权和形成合理水价的基础上，政府还必须加强对水资源市场的管理，规范水资源市场的交易行为，降低交易成本。这主要包括三个方面的内容：一是建立健全水资源法律体系，为水权的清晰界定和水权交易提供法律基础；二是制定水权交易规则，使水权交易有序进行；三是成立全流域水权管理机构，以水权管理为中心，组织水权交易，对水权交易进行监督并实行申报制度和登记制度。

最后，选取适当的水市场形式。国外的经验告诉我们：在某些地区，如果非正式水市场能够发挥较好的作用，就不一定花费额外的开支去建立正式的水市场；如果建立相应的机制会带来高昂的成本，当地缺少应有的管理能力及完成交易所必备的设施，则不一定建立正式的水市场。在缺水地区，对水的不断增长的需求是寻求建立水市场的主要驱动因素。世界银行倡导在缺水地区建立正式的或非正式的水权交易市场以促进水资源的优化配置[114]，并指出为使市场奏效，就要控制交易成本。采用哪一种水市场形式，关键在于交易成本。如果非正式水市场能够发挥较好的作用，而建立正式水市场会带来高昂的成本，又缺少应有的管理能力及交易设施，就不一定花费额外的开支去建立正式的水市场。

2.3.3.3　我国对供水设施的管理应采取股份制企业化的运营方式

智利对水利设施的管理转交给用水协会，对于水资源和水利设施的管理采取了最彻底的私有化，城市供水服务也实行了私有化。智利私有化的水资源管理提高了城市和农业用水的效率。在美国西部的灌溉农户，通过加入灌溉协会或灌溉公司，依法取得水权或在其流域上游取得蓄水权。在灌溉期，水库管理单位把自然流入的水量按水权分配，给拥有水权的农户输放一定的水量，并用输放水量计算库存各用水户的蓄水量，其运作类似银行计算户头存取款作业。国外对供水工程产权管理的启示：我国可以把供水工程的产权管理实行类似股份制银行的模式，用水户把获得的水权作为股份存入该供水工程股份制公司，即用水户为该公司的股东，股东大会对公司重大问题有决定权，从而形成一种互惠互利、互相制约的良性运作机制。

2.3.4　法律准则和机构体系的启示

国际上一些市场化程度较高的国家，如美国、澳大利亚、智利、墨西哥等都建立了水权分配制度，并针对自己的实际情况制定出相应的水法。根据国外的经验，要解决中国的初始水权分配问题，首先必须从中国的实际国情出发，建立起具有中国特色的水权配置制度。其基本思路应从以下两个方面研究制定；一是对已经开发利用的水资源进行初始配置需制定相应的法律程序，二是对未被开发或未被占有的可用的水资源也需制定初始水权配置的法律程序。

对已经开发利用的水资源进行初始分配的分配程序，应是自上而下逐级层层分解，将水权落实到各个用水户，并在注册管理机构登记，确定其法律地位。对此，应制定相应的法律法规，规范国务院水行政主管部门、流域机构、各级人民政府水行政主管部门分配水权的行为，以提高水资源的配置效率和使用效率，做到依法分水。比如，水权初始分配应坚持 6 条原则[115]（即公平性原则、灵活性原则、安全性原则、实际成本原则、预见性原则、政治的和公众的接受性原则）和 Winpenny 提出的 2 条附加原则（功效性原则、管理的可行性和可持续原则）。对可用而未被开发或未被占有的水资源进行初始水权分配，其法律程序应是自下而上，由各个用水户向上申请，通过批准许可获得水权，或者是通过拍卖的形式进行水权配置。

对于水权机构体系，国外的先进经验给我们提供了借鉴。墨累－达令河流域和维多利亚的水权管理与分配体系非常先进。在开展大量研究并考虑到环境、社会和经济需求后，它们已经得以实施。墨累－达令河流域和黄河流域有许多相似之处（见表 2-5），两者可以采用类似的机构体系。这两个流域，水资源都缺乏，有必要在流域层次对几个州/省（区）的水进行分配，并进行协调管理。墨累－达令河流域委员会在其流域开展综合性流域水管理，而黄河水利委员会则在黄河流域开展综合性流域水管理。在黄河流域，各省（区）水利厅以及每个市、县政府的水利局（水务局）对地方水务进行管理。墨累－达令河流域和维多利亚的水权管理与分配系统，为黄河流域制定水权体系提供了主要构架。

表 2-5　墨累－达令河流域与黄河流域管理机构体系对比

墨累－达令河流域	黄河流域
联邦政府	国家政府（国务院/水利部）
墨累－达令河流域委员会	黄河流域委员会
州政府	各省（区）政府
地方水利局	市政府（包括县政府）

2.4　本章小结

首先，对水权、流域水权、水权配置与初始水权配置、水权交易与水市场、水权制度等几个重要概念进行了界定。这些概念的界定，为流域水权制度的构建做好了铺垫。

其次，比较分析了国外水权制度。水资源所有权与使用权制度在不同的水权制度中具有不同的类型，主要有河岸权、占用优先权和公共水权制度三种，同时还对其他关于水资源所有权与使用权制度进行了介绍。水资源的行政（政府）配置是由政府通过控制水量或水价机制在行业和地区间进行水资源的分配，这是一种自上而下的方法，而水市场方式是在市场经济条件下以市场为中心，利用市场机制配置水资源的方式。关于水权交易与水市场，本章比较了交易规则、方式以及水权交易制度的作用和优点。

最后，根据对国外水权制度的比较研究，本章得出了几点结论。对于水资源所有权与使用权制度，重点是明晰水权；河岸权制度对黄河流域的水权分配具有适用性，比如河南、山东大部分地区不属于黄河流域，也应该获得黄河流域水权的问题便迎刃而解。通过对各国水资源产权配置制度的比较研究认为，水权分配制度演变应属渐进模式；水资源配置需要政府来调控，应建立基于平等参与的政治民主协商机制。通过对各国水权交易与水市场比较研究，得出水权交易制度是一种比较成熟和可行的水权制度，可以避免水资源利用中的"市场失灵"和"政府失灵"问题。通过对各国法律准则和机构体系的比较，总结出了水法通常包括的几个方面以及机构体系等。

第3章　流域水权制度构架

　　没有资源的稀缺性问题，也就没有经济学的交易及制度。比如，在某些丰水流域就不存在水资源的稀缺性问题，流域内的用水户可以随意用水且该流域的水还用不完，用水户就不会到水市场上买水，该流域也就无需进行初始水权分配，水权交易市场也就难以建立，在这样的流域构建水权分配制度和水权交易制度意义不大。由于不同流域的水资源有着不同的稀缺程度，所以，研究流域水权制度更具有针对性和实践意义。

3.1　流域水权制度

3.1.1　一般水权制度

　　水权制度是指约束和保护人们行使水权的各项权利的制度安排[116]，是规范人们相互之间水行为的各种制度的总和。具体地讲，水权制度是划分、界定、配置、调节、保护和实施水权，明确国家和用水户权、责、利关系的规则，从法制、体制、机制等方面对水权进行规范和保障的一系列制度的总称。从各国水权制度的发展历程和趋势来看，它经历了从公共产权向私有产权的转变。在水资源利用的初期，相对于水资源的供给量，水需求很小，水资源往往被作为公共资产进行管理。但是，随着用水需求不断增加和用水竞争的日趋激烈，水资源稀缺的问题日益凸现，不同利益主体就出现了界定水资源产权的激励。目前许多文献中所提到的水权制度，实际上是特指水资源的私有产权制度。

　　从制度安排的角度进行考察，水权制度包括非正式水权制度安排和正式水权制度安排，前者主要指文化、道德、习惯和意识形态等因素，后者指人为设计的一系列政策、法律和规则。非正式制度是正式制度产生的基础，水权制度变迁总是表现为非正式水权制度安排向正式水权制度安排转变。"制度安排规定了人的选择维度，提供具有经济价值的激励或限制。人类把非正式制度逐渐提升为正式制度，规则逐渐硬化"（诺思，1994）。正式制度的改变可以在一夜之间形成，而非正式制度的改变只能是渐进性的。可现实中更多的情况是，非正式制度安排并不因正式制度安排的改变而立即改变，正式制度安排已经发生了变化，但旧有的传统习惯、伦理道德和意识形态仍将继续发生作用，制约和阻碍正式制度的变迁，这就有可能出现非正式制度安排和正式制度安排的不相容，也就是说两者之间可能存在着紧张关系。可见，非正式制度安排可能从某一方面影响或促成正式制度安排的形成；"正式制度只有在社会认可，即与非正式制度相一致的情况下，才能发挥作用。改变两者之间的紧张程度，对经济活动变化的方向有着重要的影响"（诺思，1994）。

从权力构成角度来考察，水权制度由水资源所有权制度、水资源使用权制度和水资源使用权的转让制度三部分内容组成[77]。其中，水资源所有权制度是指国家对水资源所有权的具体规定、水资源调查评价、水资源开发利用规划、水量分配和调度方案等；水资源使用权制度是指水权的分配、调整、转让，水权取得和终止、权利保护等有关制度和规定；水资源使用权的转让制度包括水市场的建立、水权交易和转让规则、水权交易和转让的管理、水市场的监督和管理、水权交易和转让纠纷的仲裁等内容。

在所有权制度方面，我国水资源产权安排整体上属于国有水权制度，政府在水资源的配置中占据主导地位。从法律角度来看，我国水资源的权属是明确的，除农业集体经济组织所有的水塘和水库中的水之外，其他的水资源归全民所有。但谁代表国家或者全民？表面上看应该是我国的政府，而且应该是我国的中央政府，但在实际上中央政府授权地方各级政府负责水资源的管理与开发利用（全国性的大型项目除外）。所以，我国水资源产权的真正所有者是各大流域机构，省、市、县各级水行政主管部门等机构[117]。

使用权的主要内容是初始水权的界定和分配，只有当清晰的水权合理配置到各区域和各部门的基础上，才能进行水权的交易和其他活动。初始水权是国家及其授权部门第一次通过法定程序为某一地区（或部门、用水户）分配的水资源的使用权，即取水权，一般包括取水量和耗水量两个方面。初始水权可划分为自然水权（生态环境水权）与国民经济水权（生活、生产）两部分。初始水权界定的目的是要进一步明晰过去用水人的用水权益，因此初始水权的界定应该详尽、明晰。初始水权的界定要以现有水权许可证制度下的用水许可为主要依据，同时还要尊重历史上用水许可涵盖的习惯用水，对现有用水和固有权利进行保护。初始水权的界定包括优先权的设定、初始水权界定的时间位序、初始水权的量的界定以及初始水权的质的界定等方面。

水资源使用权的转让制度的主要内容是建立一个有效的、可以进行水权交易的水市场。在我国的水资源配置中，建立可以进行水权交易的市场还处于理论上的探索阶段和实践上的尝试阶段。但不可否认的是，要解决好中国的水资源问题，在行政配置的基础上实现水资源的市场化配置是一个必然的选择。

　　建立有效的水权制度还需要进行有效的管理和监督。管理权和监督权的过分集中，不利于提高水资源的配置效率与利用效率，同时也可能造成水资源配置中的寻租行为和腐败行为的发生。因此，水权制度的建设，除了继续完善现有的管理体制之外，更重要的是把一部分监督权从水行政主管部门分离出去，建立一个由大部分用水户参与的监督机构。本书认为，监督权包括两个方面：一方面是水行政主管部门的内部监督，主要负责对水资源管理与规范运行进行监督，它是上级水行政主管部门对下级部门日常工作的一种监督职责；另一方面是独立于水行政主管部门的外部监督，是一种与管理权平行对应的监督职责，它主要由大部分用水户或者由其选出的代表行使监督权。本书所论述的"分离一部分监督权"，实质就是在水行政主管部门的管理权限内，引入外部监督机制。

　　我国的水权制度，仍处于研究阶段，许多具体的制度内容还需要进行理论上探索和实践上的检验。从市场经济与可持续发展的角度来看，过去那种单一的行政配置方式难以解决中国日益严重的水资源问题。因此，在行政配置的基础上引进市场机制，借助市场的力量，在总量上控制对水资源的过度使用、低效率使用和不当使用（如污染），才能建立有效的、适合我国社会主义特征的水权制度。

3.1.2 流域水权制度

　　每个流域都是一个相对独立的水系，都有着自身相对完整的自然生态环境和不同的水资源稀缺程度。流域内的水资源之间相互贯通；人类社会也经常是依循着流域的范围发展起来的。因此，不同的流域有着相对的独立性。既然水权的设立与稀缺程度相关，只要一个流域水系存在着水资源的宏观稀缺，也就应在一般水权之下专门设立流域水权，以反映不同流域的稀缺程度。相应地，建立完善的、适合各流域水资源现状的流域水权制度，对于实现国家对流域的管理、优化流域水资源配置具有重要意义。

　　从我国的具体情况来看，水资源的天然分布以流域为基础，以流域为管理单元符合水资源的自然属性和自身规律。流域系统是我国国民经济可持续发展、资源可持续利用以及生态环境良性发展的支撑基础。研究流域水权制度，对我国水权制度的改革与变迁具有重大意义。

　　流域水权制度，指的是以流域为单元建立的规范政府与用水户之间以及用水户之间水行为的权、责、利关系的一系列规则的总和，是从法制、体制、机制等方面对流域水权进行规范和保障的一系列制度的总称。一般而言，流域水权制度具有以下几个特征。

3.1.2.1　流域水权制度是取水许可制度的延续和发展

自从 1993 年国务院颁布《取水许可制度实施办法》以后，经过十多年的发展与完善，我国已经初步形成一套较完整的水资源运行、管理机制。取水许可制度的实质是运用行政管理机制，强化水资源的统一管理、开发和保护，在过去的十多年里，该制度对强化水资源统一管理、遏制水资源的乱开滥采、抑制全社会用水需求的增长等方面发挥过重大的作用。但随着经济社会的不断发展和人口的持续增加，我国水资源供需矛盾将更加尖锐。对于日益严重的水资源短缺问题，取水许可制度由于过分依赖行政管理，忽略了水资源的市场配置机制，注定了它只能是水权制度的一种过渡制度。基于所有权和使用权分离的流域水权制度将成为水资源管理发展的一种趋势，流域水权的明晰，尤其是生态环境等基于公众利益的用水产权的明晰，更有利于缺水地区水资源的节约与保护。但流域水权制度不是一开始就存在的，而是经由取水许可制度演变过来的，是取水许可制度的延续和发展。

3.1.2.2　流域水权制度中的水权是一种共有产权

新制度经济学认为，私有产权和共有产权是产权安排形式的两个极端，大多数产权安排处于这两者之间。排他性是产权的决定性特征，它不仅意味着不让他人从一项权利中受益，而且意味着权利所有者要对该项权利使用中的各项成本负责。私有产权的排他性最强，共有产权的排他性最弱。我国的水资源属于国有，在具体使用上被流域内的人们所共同拥有，但区别于开放利用的公共财产，群体内存在着某种利用的规则，并设立公共管理机构对资源实施权属管理。因此，我国流域水权实质上是一种共有产权。

3.1.2.3　流域水权制度是行政配置与市场机制相结合的一种机制

流域水权制度引入了产权机制，通过对水资源的产权界定，实现了水资源优化配置的前提。在进行水资源产权配置时，引入了市场机制，可以引导水资源从低效率流向高效率，提高了水资源的使用效率，并最终实现了水资源的优化配置。行政配置（计划配置）是一种手段，市场配置也是一种手段，单一的手段难以实现水资源的配置效率。从 1993 年到现在，我国在进行水资源配置时一直采用行政配置的手段，虽然起到重大的作用，但也带来了很多问题，需要引入市场配置手段。流域水权制度是两种配置方式相结合的一种机制，在流域内水资源的宏观控制、水资源使用的公平性等方面，行政配置是一种较为有效的机制；但在水资源的使用效率方面，市场配置更为有效；把两种手段结合起来，有利于扬长避短，发挥各自的长处，最终实现流域水资源配置的公平与效率。

3.2 建立流域水权制度的目标与原则

3.2.1 基本目标与原则

3.2.1.1 基本目标

经济学家盛洪在分析红旗渠问题时指出[118]：像漳河，还有整个海河流域、黄河流域等等，都没有一套使大家合作的制度。竞相争水引起河流断流，过度用水导致了河流生态恶化，这就是一个不合作的结果。这个简单案例告诉了我们一个关于公共资源产权的道理：黄河流域、淮河流域的水资源是一种自然资源，具有公共产权的特征，由于没有相应的产权界定，最终导致了人们追求自身利益最大化，采取不合作的态度，形成了"公有地悲剧"——黄河断流、淮河水污染日趋严重等。

在大多数社会里，例如矿藏、森林和渔场等自然资源的个别私人所有权是罕见的。除非受到管制，否则与私人所有权条件下普遍发生的情况相比，开放的进入条件将导致某种资源的过度使用。公地的管制面临两种挑战：①防止过度使用；②以成本最小的方法开发资源[119]。

我国境内水资源的所有权归国家所有，在计划经济制度安排下，导致了对水资源的过度使用，引起了日益严重的水资源危机，需要进行政府管制。为了缓解水资源的供需矛盾，我国从1993年开始实施取水许可制度，政府对水资源使用进行行政管制。但在我国市场经济体制的形势下，单一的行政管理体制逐渐失去了活力，需要建立流域水权制度，这是一个渐进的制度变迁的过程。

由此可知，建立流域水权制度的基本目标有以下几个。

1）提高水资源的配置效率

在水资源配置方面有很多制度，不同的制度具有不同的效率。当一种制度效率较低时，就会发生制度的变迁，制度变迁的路径总是从效益较低的制度向效益较高的制度转变[118]。在进行水资源的配置时，我国过去的取水许可制度效率较低，造成了水资源的过度使用和不当使用，并最终使水资源短缺的情况进一步加剧。导致这种局面出现的原因是传统体制对水权界定不清，产权的排他性较弱，出现了大量的"搭便车"现象，使其配置水资源的效率大大降低。流域水权制度建设将明晰用水户之间的产权关系，通过对流域水权的界定，确定用水人排他性的使用水资源的权利，将会有效地避免"搭便车"现象产生的根源，提高流域水资源的配置效率。

2) 提高水资源的使用效率和防治水污染

我国是个缺水国家，同时又是一个用水浪费和水污染严重的国家。农业用水占全国总用水量的 75.3%[2]。农业用水采用大漫灌方式，用水浪费严重（黄河流域农业灌区用水中的 30%～40% 被浪费掉）；我国工业用水长期效率低下，大中城市工业用水定额比先进国家高 3～4 倍，工业用水重复使用率仅为 45%，是先进国家平均水平的一半；我国因水污染造成的经济损失达 400 多亿元[120]。用水浪费和水污染皆因水权虚位。现行治理水污染的原则是"谁污染，谁治理"，这不仅不现实，也不经济；即使改为"谁污染，谁付费"，鉴于我国现行水资源的所有权与使用权皆属于国家所有的制度，"公有地悲剧"问题的发生也是在所难免的。通过水权制度创新，水权（包括排污权）必须依法获得，水权（包括排污权）交易必须依法进行，可从根本上解决用水浪费和水污染加剧问题。

3) 建立一种合作机制

传统经济学认为，竞争机制能够带来活力与效率，其实这种观点具有很大的片面性，适当的竞争确实能带来高效率，但过度的竞争也会导致资源的浪费。因此现代经济学逐渐开始关注合作机制，其实竞争与合作是一对矛盾的统一体。从这个意义上讲，制度就是人们在社会分工与协作过程中经过多次博弈而达成的一系列契约的总和，它为人们在广泛的社会分工中的合作提供了一个基本的框架。制度的功能就是为实现合作创造条件，保证合作的顺利进行。从本质上来说，建立流域水权制度就是建立一种用水户之间的合作机制。

4) 有效解决流域内各区域间利益冲突

在我国流域水资源管理中，流域内各区域在水资源的管理、开发、利用等各方面的决策，表现出了以自我为中心的分散化状况，导致了区域水资源利益上的冲突。同时，水功能和不同形态水资源的分割管理，导致了流域水资源决策和管理权的分散化，形成了"多龙治水"的现状，而名义上的流域管理机构在水资源管理、开发、利用上受到事实上的架空，没有承担起流域综合管理的职能[89]。流域水权制度的建立，有望从根本上解决流域内各区域间利益冲突，改变"多龙管水"的现状。

5) 规范水资源的利用行为

排他性是指决定谁在一个特定的方式下使用一种稀缺资源的权利，即除了"所有者"外没有其他任何人能坚持有使用资源的权利。水权的排他性是建立完善的流域水权制度的一个基本前提条件，水权的排他性意味着水权所有者有权选择用财产做什么、如何使用它和给谁使用它的权力，激励着水权所有者将其用于带来最高价值的用途。我国水资源的利用中之所以出现"公有地悲剧"，与水权不清晰、水权的排他性较弱有根本关系。通过建立有效的水权体系，流域内水资源成了团体或个人的水权，具有了较强的排他性，有助于提高人们的水资源使用水平，提高水资源的利用效率，防止"公有地悲剧"。

6）防止"寻租"行为的发生

当某种要素或产品有计划并人为地压低到均衡水平之下时，就会产生供需缺口，较高的需求量会把市场价格抬高到均衡水平之上，以较低价格获得计划配置的资源，以较高价格进行衡量或者交易，就会产生额外的收益，这种收益是由压低价格的宏观政策环境及相应的制度安排所造成的，称为"制度租金"。以争取计划配置的低价资源而获得这种"租金"为目的的各种不正当活动，如贿赂资源配置部门官员的行为，以及各种利益集团的游说活动等，就是所谓的"寻租"（Rent Seeking）[121]。我国计划经济时代的水资源配置，主要由政府部门计划控制，有"寻租"行为产生的制度根源。流域水权制度通过相应的制度安排，引入市场手段与监督机制，有望从根源上消除"寻租"行为的发生。

3.2.1.2 基本原则

流域水权制度是对流域内水事活动权利和义务的规范，它不仅要体现与其他社会关系的关联性，适应经济社会发展的要求，而且要体现水资源的自然规律，适应水资源与其他自然资源和环境的内在关系的要求[122]。因此，建立完善的流域水权制度应该遵循如下原则。

1）水资源可持续利用原则

水是人类赖以生存与经济生活发展不可替代的基础性资源，也是生态环境的基本要素。由于淡水资源有限且易受破坏和污染，因此水资源也是一种脆弱的资源。流域水权制度建立的目的，是为了解决日益严重的水资源危机问题，因此流域水资源的可持续利用是该制度的一个重要内容。水资源是经济社会可持续发展的基础，所谓流域水资源可持续利用，指在进行流域水资源开发利用时，不仅要考虑当前的使用，更重要的是考虑流域水资源能否满足世世代代的生存与发展的需求。因此，建立健全水权制度，必须坚持有利于水资源可持续利用的原则。以流域水资源的可持续利用，来保障流域系统的经济、社会、环境的可持续发展。要将水量和水质统一纳入到水权的规范之中，在规定水量的同时还要规定水质。在流域水量分配之前，根据生态环境要求，合理确定河流基本流量，水资源配置要在考虑生态环境用水的前提下进行[122]。

2）水权明晰原则

我国水资源短缺问题，与没有建立明晰的水资源产权有关。水资源产权的模糊，造成了水使用中的浪费和效率低下。通过建立流域水资源产权体系，可以有效地克服这些问题，提高水资源的使用效率。因此，建立流域水权制度，关键在于明晰流域水权，在尊重现状水权的前提下进行流域水权的初始配置。

3）优化配置原则

目前，我国水资源管理实行流域管理与行政区域管理相结合的管理体制，是一种以行政配置为主要形式的体制。仅靠行政配置手段难以实现水资源的优化配置，现行水权配置制度造成水资源配置上的低效率。通过流域水权制度创新，引入市场机制对水资源进行配置，引导水资源的使用由低效益用户转到较高效益用户，提高水资源的使用效率，最终实现水资源科学合理配置与获得最大效益的目的。

4）权利和义务相统一原则

在进行流域水权配置时，要考虑权利和义务相统一的原则。包括两方面：一是清晰界定政府的权利、责任和义务，二是清晰界定用水户的权利、责任和义务。政府负责水权管理，同时承担保护水资源、生态环境、用水秩序以及用水户用水利益的责任；用水户享有对水资源使用、收益和依法处分的权利，同时承担治污、保护生态环境的责任[122]。

5）公平和效率原则

从表面上来看，公平和效率是两个相互冲突的目标，二者难以取舍。在实践中，很多国家在建立水权制度时，都在公平和效率两目标之间寻找一个平衡点，寻求这两个目标的实现。特别是在我国，作为一个社会主义国家，建立水权制度更要考虑公平和效率原则，处理好二者之间的关系。我国流域水权制度的建立，主要是为了提高水资源利用效率，但同时应该考虑公平目标的实现。具体来讲，就是在水权的初始配置时，更多地考虑公平原则，同时兼顾效率原则；在水权的转让等方面，更多地考虑效率原则，但也要兼顾公平。

6）适应性原则

一种制度，从理论上来看很完善，但在实践中如果不能适应当地的实际，就不能成为一个有效的制度，因此流域水权制度创新要考虑制度的适应性原则。所谓流域水权制度的适应性，指的是制度本身除了要符合国家和地方的法律法规之外，还要与当地的价值信念、伦理规范、道德观念、风俗习惯、意识形态等方面相适应。

3.2.2　流域初始水权配置的目标与原则

3.2.2.1　目标

根据我国目前经济、社会、生态环境的实际情况，初始水权分配必须实现以下三个方面的目标，即公平、环境、效率。

1）公平目标

初始水权配置中的公平问题体现在以下几个层次上：

（1）基本生活用水中的公平问题。作为一种战略性的经济资源，水资源有其特有的经济特征，主要表现在它对于人类有多种功能，如饮用、灌溉、发电、航运、养殖、旅游等。对水资源的诸多类型的需求中，有些需求的价格弹性比较大，主要体现在具有经济效益的用水上。还有一些的需求弹性则非常小，主要是生活基本用水。获得一定数量的饮用水是人的基本权利，是个体生存的基本要求。所以在水资源配置中，必须优先保证人的基本生活用水需求，特别是那些贫困人口的基本用水需求，不能因为他们无力支付供水的成本而剥夺他们的用水权利。

（2）产业间的公平问题。国民经济的均衡稳定发展，要求各产业之间保持一定的比例。生产用水是一种重要的生产要素，其投入量的多少制约着产出的数量。因此，不能仅仅以经济效益多少这一指标在各产业间分配水资源。

（3）地区间的公平问题。首先，要实现经济欠发达地区以较低的成本取得一定数量的水资源；另一方面，经济较发达、需水量较大的地区能获得较多数量的水资源，这同样也是一种公平。若简单地按人头、按土地多少进行分配，则发达地区的工业用水就难以得到保证，需水量较少的地区获得的水资源往往超出其需水量。这样，经济的发展程度导致各地区对水资源的需求不同，这些需求被满足的程度却存在很大的差别，形成了初始水权配置的不公平。

2）环境目标

初始水权配置过程中，不仅要考虑用户之间、产业之间、地区之间的关系，也不能忽视人类社会同自然界的关系。初始水权配置中的环境问题包括以下几个方面：

（1）生态环境用水问题。生态环境用水主要包括林业、水生物、城市绿地等用水。生态环境的改善对水资源起到了保护作用，如控制土壤腐蚀、减少河流泥沙等，但同时也必然要消耗一定的水量，才能维持生态环境自身的良性循环。因此，在一定程度上，水土保持等生态环境建设减少了进入河川的径流量，这对于湿润地区的河川影响不大，但对干旱、半干旱地区的河川径流，其影响则是显著的。过度挤占生态环境用水，不利于该地区的可持续发展。只有保证了生态环境用水，才能实现人和自然的协调与和谐。

（2）水环境保护问题。水质关系到人类、水生物以及植物的生存，要根本改善水质，关键是控制排入水体的污染物总量不超过环境容量。主要措施之一是强调源头治理。根据水功能区划与水环境容量的目标，确定排污量。减少排污量的关键是控制用水量，通过节约用水、循环用水、提高用水效率，调整产业结构，优先发展低耗水、少污染的产业等措施，将需水量压缩至最低限度，从而减少排入江河的污水量。因此，在初始水权配置过程中要考虑以上要素，实现水污染的源头治理。

3）效率目标

水资源最为重要的自然属性是，它虽然可以循环再生，但是在一定时间和一定区域内其总量是一定的，因此它是一种稀缺的资源。既然是稀缺的，在分配的过程中就必然要求充分发挥其使用效率。

我国节水潜力很大。以农业用水为例，当前我国灌溉用水的利用率只有 0.3～0.4，与发达国家的 0.7～0.9 相比，相差 0.4～0.5。从 GDP 用水效益上来看，我国 1995 年的用水效益只有美国 1990 年的 1/8，日本 1989 年的 1/25（汇率按 1995 年 1.32 美元计算），说明我国节水潜力很大[123]。水资源的短缺将成为 21 世纪中国经济发展的最大瓶颈。

另外，作为一种重要的生产要素，水资源使用的低效率在很大程度上反映了生产的低效率。通过改善水资源的配置方式，提高水资源的使用效率，必然可以促进生产的进一步发展和经济的进一步增长。

3.2.2.2　初始水权配置的原则

流域初始水权配置，必须将宏观层面上的用水总量控制指标体系与微观层次上的定额管理指标体系相结合，以"以人为本，坚持人和自然的协调与和谐，共同发展"与"提高用水效率"为核心，在"科学的发展观"的框架下，实施水权界定和水权分配。

1）"以人为本，坚持人和自然的协调与和谐，共同发展"的原则

生活基本用水关系到人类的生存权，必须予以优先保障。维持生态系统和水环境所必需的水资源量，是一种非排他性的公共品，当其作为旅游或观赏的用途时，是竞争性的，是可以通过初始水权分配和市场交易实现合理配

置的；但当其作为防治生态危机、物种退化、水质劣化等用途时，是非竞争性的，没有人会排除在享用它们之外。人们从生态和环境改善得到的好处是难以收费的，因此没有市场，这类用水应由政府提供。

2）保障社会稳定和粮食安全原则

我国是一个发展中国家，并且还是一个农业大国，农业在整个经济社会系统中占据特别重要的地位，社会稳定和粮食安全的原则非常重要，这是中国的特色。因此，在近一个时期，保障粮食安全和社会稳定是初始水权配置中需要优先考虑的重要因素。不能只考虑经济效益，不考虑社会稳定的政治目标。所以，基本农业用水应给予仅次于城镇居民生活用水和最小生态环境基本用水的优先次序。然而，农业用水效率低，水浪费严重，在水权配置机制中必须体现对用水效率的提高。

3）非正式约束的习惯用水优先原则

习惯水权原则，主要包括地域优先原则和时间优先原则，均是以承认现状为原则的。时间优先原则是以占有水资源使用权的时间先后作为优先权的基础。地域优先原则是指，与下游地区和其他地区相比，水源地区和上游地区具有使用河流水资源的优先权，距离河流比较近的地区比距河流较远的地区具有优先权，流域范围内的地区比流域外的地区具有用水的优先权。无论是以地域优先原则，还是以时间优先原则所取得的水权，在初始水权配置中要尊重现状，即承认现状原则。

4）公平与效率兼顾、公平优先的原则

流域初始水权配置必须充分体现公平性的原则。一些不发达地区，特别是地处我国西北的干旱、半干旱地区，正处于发展与给予扶持阶段，通过初始水权的获得和转让，以寻求更多的发展资金；在东南沿海等发达区域与使用水资源效率较高的行业，可以通过市场形式获得水权，以满足快速发展对水资源的需求。在满足公平性的前提下，应把水资源优先配置到经济效益好的地区。

5）政府预留水量的原则

在一个流域内，由于不同地区的经济发展程度各异，需水发生时段不同，人口的增长和异地迁移会产生新的水资源需求；还有人类目前对气候变化的不可预测性等因素。在流域初始水权配置中，不能分光吃净，要适当留有余地，以便应急和备用，并且政府应保留这部分预留的水权。

6）行政配置与市场机制相结合的原则

进行水权初始分配，首先，必须以行政配置的手段进行配置，以确保

"以人为本，坚持人和自然的协调与和谐，共同发展"的原则、保障社会稳定和粮食安全原则、习惯用水制度、政府预留水量的原则、水资源的可持续利用原则等上述原则的实施，实现"公平与效率兼顾、公平优先"的目标；其次，在行政配置的基础上，利用市场机制配置水资源，以实现提高水资源的利用效率。

　　7）广泛参与的政治民主协商的行政计划配置模式的原则

　　我国目前主要是运用指令性配置模式，通过行政手段来配置水资源，这种模式造成"市场失灵"和"政府失效"，既缺乏效率，又不公平。因此，我国的初始水权配置制度建设，在引入市场机制配置的同时，要建立广泛参与的政治民主协商的行政计划配置制度。因为，在转型期条件下，我国的水市场只能是一个"准市场"[124]。通过市场配置初始水权解决的是水资源的使用效率，而不能解决公平问题。按照"公平与效率兼顾、公平优先"的原则，首先应利用行政计划指令性配置模式分配初始水权，而不是利用水市场来配置。为克服以往指令性配置模式的缺陷，应通过建立广泛参与的政治民主协商的行政计划配置制度来弥补。初始水权分配要以保障水权所有者的权益为核心，充分发展各种用水组织，建立用水利益群体参与管理和相互协商的制度，为变化环境中的水权方案的不断修正、冲突的不断解决建立开放的制度框架，以"程序正义"保障水权分配的自我演进[125]。也只有建立自下而上的、广泛参与的政治民主协商机制，初始水权分配才能够真正实现。

3.2.3　流域水权交易的目标与原则

3.2.3.1　目标

　　建立水权交易制度，鼓励开展水权交易，是为了实现以下几个主要目标：

　　（1）借助经济手段实现水资源的优化配置。行政手段配置水资源的模式，易造成"市场失灵"和"政府失效"，既缺乏效率，又不公平。根据国外经验，水权交易制度的安排，可以实现水权配置的帕累托改进。

　　（2）用市场机制提高水资源的利用效率。用市场机制提高水资源利用效率，几乎是发达国家解决水资源短缺的共同方法。因此，水权交易制度的安排，应使水权向更高价值用途的方向转移，保证水资源能最大限度地给用水户带来效益，对流域经济社会系统的可持续发展予以支持。

　　（3）建立高效和公平的水权交易制度，旨在使有限的水资源在保障良好生态环境，以及保护第三方利益（如对现有用水户的影响）的情况下，为经济社会发展创造最大和最佳效益。

　　（4）水权交易制度的安排，应能激励各类用水户、水权监管机构、水利行业部门、水环境保护部门等改进水权的分配和监管模式。

3.2.3.2 原则

　　Howe、Alexander 和 Moses（1982）指出，既能维持公平（能被社会所接受）又有效率（新状况比原先状况更有利）的水市场制度应具有下面几个特征：① 所有权明确，用水户可以自由转移水资源，从而用水效率得以提升；②为防止水交易产生的负面外部效应，水交易要经过地区性管理制度加以审核；③成立流域范围的管理机构，通过跨流域的水交易，使水资源的供求具有更灵活的市场机能，提高交易的净效益；④应配合建立地区性的气象、水文、用水成本等资料，提供充分的信息给水资源供求双方，使水市场的竞争更为完全，用水效率也可以得到进一步的提高。国外大量文章运用多学科的方法，研究维护生态环境用水通过水市场配置的水权制度。通常，这些文章讨论对美国西部的优先权利如何进行修改，从而为水市场的交易提供一个好的法律框架[126]。

　　结合上述要求，以及各国建立水市场的经验与我国的实际情况，流域水权交易应当遵守以下原则：

　　（1）自主交易与公开、公平、公正原则。承认用水户对经初始水权配置所获得的水资源拥有支配权，用水户衡量自己使用水资源和出售水权的收益，然后决策是否出售。自主交易原则还包括交易的价格由买卖双方自主协商确定，即水市场中水权价格完全由市场机制形成。公开原则是指水权交易是一种面向社会的、公开的交易活动。公平原则是指水权交易的各方享有的权利和义务必须是公平的，他们应当在相同的条件下和平等的机会中进行交易。公正原则是指应当公正地对待水权交易的参与各方以及处理水权交易事务。无论是临时交易或是永久交易，水权交易必须遵循水市场的交易规则。水权交易规则必须以公开、公平、公正和诚实信用为原则进行制定。交易各方还应遵守交易自愿、风险自负的原则。水权交易双方主体平等，应遵循市场交易的基本准则，合理确定双方的经济利益。

　　（2）统一市场、管理部门参与和市场机制同政府宏观管理相结合原则。市场规模的扩大，可以使水资源在更大的范围内配置，增加水权交易对水资源配置效率的提升作用。但是，各流域之间并不像行政区划之间那样有着相对完整的经济利益，成立的流域水资源管理委员会也并不是整个流域利益的代表者，流域间水资源缺乏交易的主体。并且，流域间水权交易涉及数额巨大，也不是水权交易市场所能承载了的，应由政府进行统一调配。因此，以流域为单元建立水市场的原则更有现实意义。水资源管理部门保留一定数量的水资源，即预留水权，可以起到两方面的作用：一是利用预留水权实施地区发展战略和行业引导战略，向特定地区和特定行业分配额外水资源，支持这些地区和行业的发展；二是防止水价的大幅波动，稳定水市场。当水价过高时，在市场上对国家发展的重点企业出售预留水权，增加水资源供给，抑止水价的增长。即管理部门通过在水市场上的公开市场业务，对水价进行调控。市场机制显然可以提高水资源使用的效率，但是，水权交易的标的是水资源的使用权，水资源本身是关系国计民生的重要资源，并且水权交易具有很大的外部性，因此应该通过交易制度的完善和政府部门的监管来规范水交易。既不能夸大政府的作用，否则会使得水权交易在冗长的审核过程中失去实效性，就完全失去了建立水市场的意义；也不可过度强调市场机制的作用，对水权交易采取自由放任的态度。水权交易应当是以在政府宏观管理下，市场机制对水资源起基础性的配置作用。

（3）有偿转让、合理补偿、余水交易原则。我国水权交易还需考虑体现相应的保障机制。因水权交易对第三方造成的损失或影响必须给予合理的经济补偿。如连续特枯年，流域同比例削减引水指标，水权用水如何保证；水权交易获得的资金如何确保应用于农业或灌区的节水改造，取得预期的节水效果等内容，应在水权交易规则中得到完整的体现。我国的水权交易合同或协议应有补偿条款，应妥善考虑水权交易后水管单位水费收入减少、运行成本增加。如对于连续特枯年，因保证生活等用水影响农业用水造成损失的补偿等问题。水权交易要有利于建立节水防污型社会，防止片面追求经济利益。根据国外水权转让和水市场的经验，多余的水的来源之一是灌溉和用水效率的提高。因此，在我国也应该对用水户鼓励和实行余水交易的原则。余水交易原则可以促进用水户采用节水技术，提高用水效率。

（4）水权交易必须对河流生态的可持续性和对其他用户的影响等外部效应最小化。因水权交易既可以在个体之间进行，也可以在企业之间或企业与个体之间进行，还可以在不同行业之间和不同地区之间进行，所以水权交易必须考虑社会、经济和环境的要求。生态环境用水必须得到保证，供水系统的能力和不同灌区的盐碱化程度控制标准是进行水权交易的约束条件，在满足保护环境和第三方利益的条件下，应允许进行地表水和有条件的地下水的交易。水交易会通过不同途径对第三方产生影响，使得水交易产生外部效应：① 水交易可能会改变水的用途，从而改变相关地区或用户水资源的质量。如上游农业用户将水权出售给水力发电厂，将改善下游水质。②跨地区水权交易可能会改变下游来水量，从而影响下游地区的水安全（在本章将证明，在考虑退水量的情况下，下游地区向上游出售水权，将减少位于买卖双方下游的第三方的来水量。这里所说的退水量，是指从河流的干支流中引、取水量中的一部分又回归该河流干支流的水量）。对于交易双方而言，水交易肯定是个帕累托改进，即交易后买卖双方的福利都会得以提高，否则交易不可能产生。但是，这种帕累托改善不能建立在降低其他地区或其他用户福利的基础之上。减少水交易的外部效应，使外部效应内部化，是水交易管理的一项重要原则。

（5）水权交易必须符合水资源各类规划和公平与效率相结合的原则。地表水水权交易的主要形式包括流域内、流域间的水权交易，以流域为单元进行水权交易，应当依据流域规划和水中长期供求规划进行；流域间的水权交易，应根据流域所涉及的范围，相应依据全国的、或省区、或市区的水资源战略规划和水中长期供求规划进行；地下水权的交易一般只能在共同的含水层内进行，同样要符合地下水管理规划以及其他相关资源管理规划和政策；凡在正规水市场进行交易的，要依法纳税和缴交易费；水权交易要注重交易的成本和影响等。水权交易必须首先满足城乡居民生活用水，充分考虑生态系统的基本用水，在确保粮食安全、稳定农业发展的前提下，为适应国家经济布局和产业结构调整的要求，利用市场机制推动水权由农业向其他行业转移，以实现水资源的高效率使用。

3.2.4　流域水权监管的目标与原则

3.2.4.1　目标

为克服"多龙管水"、水资源管理上的低效率和"寻租"现象，加强流域机构的权限，需建立有效的流域水权监督机构，由水资源的直接管理模式转变为水资源产权化管理模式。水权制度的确立并不是否定政府对水资源或水行业的管制，而只是放松或弱化管制，即建立以水权为核心的管理体制，从而革除政府直接管制所固有的弊端[127]。

流域水权监管的目标主要有：①实现流域水资源的可持续利用；②实现流域水权的合理配置和高效利用；③实现流域水权所有者、经营者和使用者的权益得到合法保护。流域水权监管机构代表国家行使所有权，协调各经营者与用水户之间的利益纠纷，并最终保障各种权力的权益[76]。

3.2.4.2　原则

（1）监督与管理相分离原则。形成流域水权的监督与管理职能相分离，有助于消除传统水权管理中的弊端。

（2）统一管理、内外监督原则。加强流域管理机构的权限，以流域为单位进行水权的管理，有望克服"多龙管水"的局面，有利于流域水资源的规划利用。但监督需要引入公众参与，内部监督与外部监督相结合，有助于规范流域管理机构的管理行为。

（3）效率原则。水权监管既要科学管好，也要讲管理成本，讲效益，要追求管理成本的最小化和管理效益的最大化[78]。

3.3　流域水权制度体系与安排

3.3.1　流域水权制度体系

流域水权制度体系主要由流域水权正式制度、非正式制度以及实施机制三部分组成（见图 3-1）。

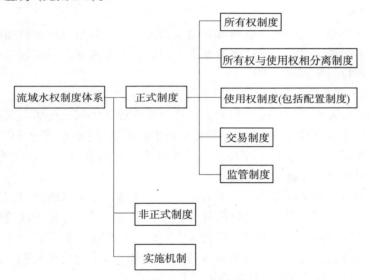

图 3-1　流域水权制度体系

流域水权正式制度包括水资源所有权制度、所有权与使用权相分离制度、使用权制度（包括配置制度）、交易制度、监管制度等。

流域水权非正式制度是流域水权制度体系的重要组成部分，在流域水权正式制度设立与完善之前，流域内用水户之间的关系主要由非正式制度来维持；即使在流域水权正式制度完善后，非正式制度仍将在多数方面发挥重要作用：能够有效减少衡量和实施成本[129]。非正式制度包括价值观念、道德观念、风俗习性、意识形态等多项内容，其中有一项重要的内容是习俗，它在水权分配与交易中发挥重要作用。

实施机制也是流域水权制度的重要组成部分。离开了实施机制，流域水权制度就如同虚设。实施机制的主体一般都是国家，交换者总是委托国家来行使实施职能，于是就形成了交换者与国家之间的"委托－代理"关系。

本书重点研究的是流域水权正式制度，重点分析流域水权制度的正式制度安排。关于非正式制度以及实施机制，主要介绍其对正式制度的影响及其作用，不做进一步的探讨。

3.3.2 流域水权制度安排简析

在第 2 章的研究中得出如下启示，世界上许多国家与我国都规定水资源公有，"公有制"是水资源所有制的成功模式。因此，本书仍坚持我国《宪法》和《水法》规定的水资源的公有制制度模式，并以此为基础研究流域水权制度的创新。

我国和许多国家一样，虽然都规定水资源公有，但没有规定使用权的归属。水权不明晰，水资源产权效率低下。因此，下文将对我国流域水资源所有权与使用权制度的创新进行分析。

3.3.2.1 水权界定并制度化

实现水资源所有权和使用权分离，进行水资源使用权的配置、交易和监管，不仅仅在水权概念上需要界定清楚，更重要的是在水权制度上予以规定。

（1）水权界定。水权界定应从以下维度进行：所有权以及行政管理权、使用权、经营权、收益权等。

关于所有权以及行政管理权的界定。宪法规定，水资源的所有权属于国家，这点无需界定，重点是对行政管理权进行界定。目前，我国政府的各级水行政主管部门被授权代表国家行使对水资源的管理权。至于管理体制与管理机制尚待理顺，应按照水资源自身的规律，建立以流域为单元的、以产权模式为核心的、代表国家行使所有权的管理体系与管理机构。

关于水资源使用权的界定。初始水权配置是国家及其授权部门通过法定程序，第一次为某一地区（或部门、用水户）分配的水资源的使用权。本书所说的初始水权（包括社会公益性的使用权和以使用为目的的蓄水权），一般包括取水量和耗水量两个方面，即采用"取水量"和"耗水量"两个指标来表示初始水权。初始水权可划分为自然水权（生态环境水权）与国民经济水权（生活、生产）两部分。根据实际需要，可以将初始水权按以下程序进行界定：第一步，确定整个流域的自然水权与国民经济水权；第二步，自然水权分两部分，一部分为河流生态环境水权，一部分为流域内各区域生态环境水权；第三步，流域内各行政区域的水权界定；第四步，将水权界定配置到各级各类用户。如何从时间、空间、用途、使用过程等主要方面对水权的内涵进一步界定、完成具体分配，是水权配置的关键。

关于经营权的界定。这里的经营权，系指经过政府特别许可的、专门对水权买卖双方提供交易场所的、以盈利为目的的权力。

关于收益权的界定。水资源的收益权包含两种：一种是国家作为所有者而取得的所有权收益，如水资源使用费、水权交易税等；第二种是水资源消费者使用水资源时的使用权收益。

（2）实现水权界定的途径——制度化。实现水权界定，使得水资源的所有权与使用权分离，应通过建立水权制度，通过水权法的财产法形式，确立人们使用、支配和处置水权的权威。

3.3.2.2　流域水资源所有权与使用权制度及其相分离的制度安排

流域水资源所有权是指权利主体对于流域水资源所享有的占有、使用、收益和处分的权利，是流域水资源分配、管理及开发利用的基础，也是流域水资源使用权、经营权和收益权的基础[130]。

流域水权制度的使用权有多种：取水权（生活、生产、生态等用水）、航运权、渔业权、发电权、排污权等，实质上是一系列不同用途权利的总称，而不是通常意义上的取水权。相应地，流域使用权制度是包含流域取水权制度、航运权制度、渔业权制度、发电权制度、排污权制度等一系列不同制度的总称。需要明确界定不同使用权制度的使用权、使用权归属，实现使用权所需的原则、程序以及使用权收益等方面。其中，流域水资源使用权权属问题，也即是界定流域内具体水权的问题。

虽然我国的法律法规都没有明确规定水资源的所有权与使用权可分离，但在相关条款规定中，执行的却是所有权与使用权相分离制度。因此，需要进一步完善有关流域水资源所有权与使用权可分离制度，从法律上进一步明确使用权可以依法确定给各类用水户使用。水资源在国家所有下的使用权由国家确认给各类用水户使用，农民集体所有的水资源的使用权由其相应的集体单位确认给各类用水户使用。用水户有保护、管理和合理利用水资源的义务，一切使用水资源的各类用水户必须合理地利用水资源。国家为了公共利益的需要，可以依照法律规定对水资源实行征收或者征用并给予补偿，从而实现所有权与使用权相分离，使其产权清晰。

3.3.2.3　流域水资源使用权制度安排

（1）总量控制和定额管理制度。国家对水权分配（包括排污权分配）应实行总量控制和定额管理相结合的制度。根据用水定额与排污定额、经济技术条件以及水量与排污量分配方案，制定年度用水计划和年度排污计划，对本流域内的年度用水和排污实行总量控制。总量控制体系指的是区域配置的水资源总量和排污总量不超过区域宏观控制指标，流域内各区域配置的水资源总量和排污总量不超过本流域可配置总量。定额管理体系就是合理确定各类用水户的用水量和排污量，制定各行政区域的行业生产用水和生活用水与排污定额，并以各行各业的用水和排污定额为主要依据核算用水总量和排污总量，依据宏观控制指标，科学地进行水量和排污量分配。对于流域水权配置制度而言，这两套指标制度体系相辅相成、共同作用，可以把流域水权配置到每个具体用水户。各类用水均应实行定额管理，超定额用水实行累进加价，超定额排污实行加倍处罚等。

（2）行政配置与市场配置相结合制度。在水权配置方式上引入市场机制，并把市场机制放在和行政配置同等重要的地位，是实践上的重大突破。但其在法律上没有明确，因此在水权配置方式上引入市场机制是《水法》需要进一步完善的地方。

（3）初始水权配置制度。国家对初始水权实行统一分配、统一调度、以供定需、分级管理、分级负责，并合理安排城乡居民生活、农业、工业与河道输沙及生态环境用水的原则。初始水权配置方案应当依据水的供求现状、国民经济和社会发展规划、流域规划、区域规划，按照水资源供需协调、综合平衡、保护生态、厉行节约、合理开源的原则制定。初始水权配置方案，应当依据流域规划和水中长期供求规划，以流域为单元制定。用水应当计量，并按照分配批准的用水计划用水。流域水权监管机构应当根据批准的可供水量分配方案和年度预测来水量、水库蓄水量，按照同比例丰增枯减的原则，并对多年调节水库按蓄丰补枯的原则统筹兼顾，制定年度水权分配方案和调度计划。初始水权配置优先位序制度，可按第4章的初始水权配置优先位序与规则，以法律法规的形式予以确定。

（4）水权配置协商制度。由于流域内各用水户之间在水权配置中可能存在不同用水主体之间的利益冲突，为了调节不同利益主体之间的矛盾，需要建立流域水权配置协商制度。建立这种协调制度的主要途径就是建立利益相关者利益表达的机制，实现政府调控和用水户参与相结合的水权分配的协商制度。如建立听证制度。

（5）生态环境用水制度。目前在国际法以及其他法律文件里很少有条约或松散的法律文件直接在某一条款下阐述环境流量[131]，但在国家政策和立法中，南非和澳大利亚是最好的关于环境流量立法的最近范例[132,133]。在很多情况下，国家环境流量立法还有待制定。已经使用的立法技术包括最小环境流量条款的法律需求、风景河流立法的通过、公众信任原则的应用及应用于环境效益的流量调度管理。例如，最小流量需求：一些国家需要用于不同河流类型的最小流量条款，在瑞士河流保护法令中规定了针对不同平均流量比例的、基于地理和生态因素、必须维持或在某些具体情况中有所增加的最小流量值[134]。生态环境的改善对水资源起到了保护作用，如果过度挤占生态环境用水，将不利于流域水资源的可持续利用。因此，在我国的水权制度建设中，应对生态环境用水予以立法保障。

（6）水权的登记、管理、产权保护和公告制度。国家对用水户配置的初始水权（使用权）进行依法登记造册和确认（核发证书），依法确认的水资源的使用权受法律保护，任何单位和个人不得侵犯。凡在流域内获得国家配置的地表水和地下水的各类用水户，向流域水权监管机构或有关水行政主管部门申请领取用水许可证，并缴纳水资源费，取得用水权。为保证初始水权的基本稳定，需对初始水权的调整、流转和终止进行规范。用水权的授予实行定期公告制度，流域水权监管机构及各省（区）水行政主管部门应当在省（区）级以上报刊与政府网站等渠道，将用水权授予情况进行公告，主要公告内容包括用水权人、用水地点、用水量、用水方式、退水量、退水地点等方面。

（7）政府预留水权制度。在进行水权配置时，政府还应该预留一部分水权，政府预留水权的分配与使用要以制度的形式予以规定。一般情况下，在年度水量分配指标以外的用水，应从政府预留水量里解决。

（8）蓄水权制度。①地表水的蓄水权。对于条件成熟的区域，用水户可把自己暂时不用的水存入水库等水利工程设施内，或者存入"水银行"；进行地表水的蓄水，其前提是不能影响每年的防汛，不能对第三者构成影响。②地下水的蓄水权。用水户对于暂时不用的地下水，可以以蓄水权的形式先存入代表所有权的管理机构的账户上，以备下一个阶段使用、出售，或拍卖，或以地下水换算成地表水进行使用；进行地下水的蓄水，其前提是不能对地下水资源及第三者造成负面影响。

（9）水资源可持续利用管理制度和国家防洪的总体安排。开发利用水资源实行计划用水、节约用水，开发、利用、节约、保护水资源和防治水害，应当按照流域、区域统一制定规划。流域范围内的区域规划应当服从流域规划，专业规划应当服从综合规划。建设供水工程，必须符合流域综合规划。任何单位和个人引水、截（蓄）水、排水，不得损害公共利益和他人的合法权益。

因违反规划，造成江河和湖泊水域使用功能降低、地下水超采、地面沉降、水体污染的，应当承担治理责任。对他人生活和生产造成损失的，依法给予补偿。国家建立饮用水水源保护区制度，防止水源枯竭和水体污染，保证城乡居民饮用水安全。

3.3.2.4　流域水权交易制度安排

目前我国水权交易还处于初级阶段，其交易的形式还比较单一，需要进一步探索适合我国的流域水权交易制度。

（1）流域水权交易的主体与客体。水权交易的主体主要包括流域内的用水户、经营者（水权公司）、政府、水银行等；水权交易的客体主要包括流域内的地表水、地下水、排污量。

（2）水权交易程序。一般长期的或永久的正规（或规范）的水权交易程序主要包括以下几个步骤：

①申请。水权交易双方向所在地区水行政主管部门提出书面申请，并提交卖方的用水许可证明性文件、买卖双方签订的水权交易意向性协议、水权交易可行性研究报告、水资源论证报告书等有关材料。

②审查。流域水权监管机构或其水行政主管部门，应按照其规定全面审查。符合交易基本条件的，予以公示。

③公示。向社会公示，广泛听取利益相关者和公众的意见与建议。

④审批。经审查公示后，水权交易双方应正式签订《水权交易协议书》，制定《水权交易实施方案》，报流域水权监管机构或其水行政主管部门，予以正式批准，并办理相关手续。

⑤生效。水权交易双方办理完相关手续后，水权交易生效。

（3）水权交易方式。根据不同的划分标准，水权交易可以具有不同的方式。按照转让水权的有效期限不同，水权交易可以分为长期、永久水权交易和临时水权交易。根据有无固定交易场所划分，水权交易可以分为场内和场外水权交易两种。场内水权交易指的是具有固定水权交易场所的水权交易，而场外水权交易指的是没有固定水权交易场所的水权交易。对于场内水权交易，有其业务规则、提供水权交易的场所和设施、组织和监督水权交易、管理和公布市场信息等，是水权交易的中心，而场外水权交易没有固定的场所。具体哪一种交易方式更好一些，需要结合不同区域的实际情况，考察两种交易方式交易成本的大小。根据西方制度经济学的原理，交易成本较小的交易方式能够有效配置资源，因此可根据交易成本选择不同的交易方式。

（4）可交易水权的限制。任何组织或者个人不得侵占、买卖或者以其他形

式非法转让水权。水资源的使用权可以依照法律的规定交易。其具体的水权交易可从以下几方面进行限制:

①水权交易仅限于流域范围内,不得跨流域交易。取用水总量超过本行政区域水资源可利用量的,除国家有特殊规定的,不得向本行政区域以外的用水户出售水权(互联网技术应对其进行技术层面上的设置)。

②农户家庭人畜用水权不得交易。

③城市以及城镇的生活用水权不可交易。

④多数地下水权不可交易。

⑤核心环境用水权和依赖地下水的生态系统的保留用水权不得交易。

⑥政府预留水权不得交易。

⑦不得批准可能导致对公共利益、生态环境、水环境或第三方产生不可接受影响的水权交易。

⑧地下水权的交易应在共同的含水层内进行且符合地下水资源管理规划与相关政策。在地下水限采区的地下水取水户不得将地下水的水权进行交易,并且不可将该区地表水水权向该地下水限采区区域以外的其他区域进行交易。

⑨地表水与地下水相互转换后进行交易,其前提是不能对水资源、生态环境、水环境、第三者等构成负面影响。在地下水限采区的地下水取水户不得将其地下水水权转换成地表水水权进行使用和交易,只准将地表水水权回灌成地下水水权进行储存。

⑩不得向国家限制发展的产业用水户转让。

(5)关于交易委托。凡是在流域正式水权交易所进行交易的,均可采取柜台委托的方式进行委托交易。对于有条件的地方,除了采用柜台委托方式外,还可采用电话委托、自助委托、互联网等其他委托方式,进行交易。

(6)水权交易监管机构的制度创新。流域水权监管是以流域为单元对水资源的所有权、使用权、经营权以及收益权进行的全面监督与管理,需要相应的组织形式。本书在分析国外流域水权管理组织结构以及我国流域水权管理现状的基础上,得出了流域水权管理的组织形式如图3-2所示。

从图3-2可以看出,本书所构建的流域水权管理组织结构为管理学上的矩阵式结构形式。在流域水权管理组织中,流域管理机构处于核心地位,是整个流域水权界定、分配、转换以及管理的核心机构。流域监督机构的权限必须加强,直接受国务院及水利部的垂直领导。对于跨两个(及以上)省(区)的流域,流域管理机构下设省(区)管理机构及地市、县级等监督机构,以利于监管,因为只有流域机构才能根据流域整体规划确定本地水资源使用状况，而不是根据本地局部利益进行确定。图中左边是监督机构，分别对管理机构及职能部门的工作进行监督。

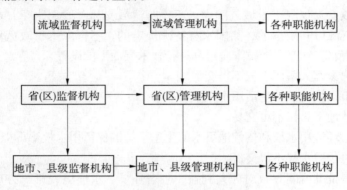

图 3-2　流域水权监管组织形式

（7）长期水权交易的期限。水权交易的期限要与国家和流域内各行政区域的国民经济及社会发展规划相适应，综合考虑节水工程设施的使用年限和受水工程设施的运行年限，兼顾供求双方的利益，合理确定水权交易期限。按照转让的水权的有效期限不同，水权交易可以分为长期（或永久）水权交易和临时水权交易。前者指用水户向其他用水户长期转让（或永久转让）水权，后者指用水户向其他用水户转让某一时段（某一旬、某一月、某一年度）的水权。也就是说，通过长期或永久性水权交易，受让方能够获得转让方未来十几年、几十年的水权。从交易本身来看，无论是哪一种水权交易都应该由市场来实现，否则就不能称之为"交易"。而在目前来看，较为广泛的市场交易方式之一是交易所交易制度。对于临时水权交易、长期（或永久）水权交易，都可以通过交易所来实现其流转。但是，从政府对水权交易的管理角度来看，由于两者在交易量、交易频率等所带来的外部性等方面存在着很大的区别，这种区别在管理制度上应该有所体现。因此，临时水权交易制度和长期（或永久）水权交易制度的不同，不仅表现在交易过程上，而且在交易的管理上也应有所不同。

（8）水权交易公告制度和对第三方补偿制度。水权转让主体对自己拥有的多余水权进行公告，有利于水权转让的公开、公平和效率的提高，公告制度要规定公告的时间、水量、水质、期限、公告方式、转让条件等内容。由于水权转让可能对周边地区、其他用水户及环境等造成一定的负面影响，在进行评估后，需要对第三方的利益进行补偿。

（9）地表水与地下水相互使用的转换和转换后的交易。遇到丰水年等各种原因，用水户不能把自己每年所分得的水权使用完的时候，应允许将地表水补给到地下水，这样用水户可以拥有更多的地下水水权；反之亦可。如果每年度分得的地表水或地下水出现剩余，用水户可以将其相互转换后进行出售。比如，用水户不使用地表水，那么他可以申请将地表水直接补给到地下水（无需引入到用水户，只要补给同一区域的地下水某一含水层中即可），然后用水户根据地表水换算成地下水的水量再进行出售。无论是地表水与地下水相互使用的转换，或者是转换后的交易，都不能对水资源、水环境、第三者等构成影响。

3.3.3　习俗在水资源分配中的作用

大卫·休谟在 200 多年前指出，所有权的稳定来自于人类社会逐渐形成的惯例，来自对侵犯产权所带来的后果的认识，这些后果说明，尊重所有权符合每个人的利益。这里的"惯例"是人们行事所遵循的准则，包括本章开始所提到的正式制度和非正式制度两种。习俗是非正式制度的一种主要形式。

以下以博尔腾·杨的讨价还价模型为基准[135]，建立一个模型来说明习俗在水资源分配过程中所起到的作用。假设某区域有 A、B 两个用水者，假设两者的取水量分别为 x、y，效用函数分别为 $u_1(x,y)$ 和 $u_2(x,y)$。当 $x+y \leqslant q$ 时，

$$\frac{\partial u_1}{\partial x} > 0, \frac{\partial^2 u_1}{\partial x^2} < 0; \frac{\partial u_2}{\partial y} > 0, \frac{\partial^2 u_2}{\partial y^2} < 0$$

即每个用户都想取更多的水。但是一年中的总取水总量不能超过 q，否则会导致一系列环境问题，大幅降低两者的效用。为了强调取水的外部效应，假定如果 $x+y > q$，则 $u_1(x,y) = u_2(x,y) = 0$。这里，效用函数是私人信息，对手无法得知。

假设两用户的寿命都为一期，他们的后代的效用函数同其一样，博弈将一代接一代地继续下去。由于每个参与人都不知道对方的效用函数，所以只能根据过去的信息来制定策略，即收集其对手先辈的取水量信息，推断对手的类型，进一步确定自己的取水量。假定参与人从过去 m 年中收集 k 年的信息，比例 $\frac{k}{m}$ 表示参与人的信息收集能力，假定各代参与人的信息收集能力相同。这样，参与人 A 要解决的问题就是求解规划：

$$\max_{0 \leqslant y \leqslant q-x} \sum u_1(x,y) \frac{n(y)}{k} \tag{3-1}$$

其中，$n(y)$ 表示在所取的 k 年的样本中，取水量为 y 的年数。这样，$\frac{n(y)}{k}$ 就表示

以古典概率表示的对手取水量为 y 的可能性。参与人综合考虑对手的各种可能性，确定取水量 x。

同样，B 的问题在于解最优：

$$\max \sum_{0 \leqslant x \leqslant q-y} u_2(x, y) \frac{n(x)}{k} \tag{3-2}$$

为简单起见，这里只考虑 $k(A) = k(B) = k$ 的情况。

假定在第 1 期到第 k 期，A 和 B 都选择第 $(-k+1)$ 期至第 0 期间的取水量作为样本，这样，在第 1 期到第 k 期内，他们根据式（3-1）和式（3-2）决定的取水量将保持不变，假设为 x_0，y_0。再假设在接下来的第 $(k+1)$ 期到第 $2k$ 期，A、B 都选取 0 到 k 期的取水量作为样本，这样两人的最优取水量将总是分别为 $q-y_0$ 和 $q-x_0$。最后假定在 $2k+1$ 期到 $2k+m$ 期之间，A 的样本只包括第 $(k+1)$ 期到第 $2k$ 期 B 的取水量，即 $q-x_0$；而 B 的样本只包括第 1 期到第 k 期内 A 的取水量，即 x_0。于是，在 $2k+1$ 期到 $2k+m$ 期之间，A、B 的最优取水量分别为 x_0 和 $q-x_0$。在当期即 $2k+m+1$ 期，参与者将在前 m 期中取 k 年作为样本决定取水量，而前 m 期的取水量均为 x_0 和 $q-x_0$，所以，当期的最优取水量也是 x_0 和 $q-x_0$。同样，在以后各期，最优取水量都将为 x_0 和 $q-x_0$，这意味着惯例或者称之为习俗性产权的形成。

再把上述情况一般化。从数量为 m 的总体中选取 k 个样本是随机的，因此上述情况仅以正概率 p 发生。而在总共的 $T=2k+m$ 期中，习俗性产权不能建立的概率为 $(1-p)^T$。当 $T \to \infty$ 时，该数值将为零。

上述模型显示，各方用水户经过多次博弈，最终能够到达一个纳什均衡，建立起习俗性产权，每个人都会将习俗性产权所规定的取水量视为其权利，同时将剩下的数量视为别人的权利。习俗性产权的分配结果是博弈各方根据自身利益最大化自主选择形成的，所以它是一种自我维持的内生性秩序，一经确立，它将在纳什均衡的意义上自我实施，即没有任何一方向单方面偏离该种状态。

当然，在现实生活中，取水权的习俗性分配结果可能会由于两个原因发生变动：一是参与人在获得以往取水量的信息的过程中产生误差；二是参与人采取试验，故意提高自己的取水量测试对方的反应，试图使取水量大于惯例水平。博尔腾证明，如果参与人的信息错误和试验行为在各期以小概率发生，发生后的结果将被后辈随机抽取，成为他们估计概率的样本，那么，还将收敛于旧惯例。但是，错误或试验的累积最终将导致上述过程偏离旧惯例，因此在长期内，该过程是一个不同惯例的连续序列。如果时间足够长，可能会存在一种"类稳定"（generically stable）惯例，其出现的频率远远高于其他惯例，这种惯例一旦建立，相对来说不容易被错误或试验干扰。博尔腾证明，类稳定惯例的分配结果满足下式：

$$\max[\,u_1(x,y)\,]^{I(A)} \times [\,u_2(x,y)\,]^{I(B)} \tag{3-3}$$

其中，$I = \dfrac{k}{m}$ 表示参与人的信息收集能力。

　　从以上分析可以看出，习俗性产权的分配方案是参与人博弈的结果，是自我实施的，无需第三方（如政府、法院等）的监督和强制。这样，在法律、行政等形式的正式水权制度尚未建立或完善的阶段，习俗能够规范用水户的行为，在一定程度上实现水权分配。

　　水资源的习俗性产权能否形成取决于两方面：一是水资源是否稀缺，如果水资源很丰富，用水户可以任意获得意愿取水量而不会产生任何外部效应，用水户就没有必要收集以往信息、揣测对手可能取水量来确定自己的取水量了，水资源的习俗性产权也就不会产生；二是用水户过度取水所造成的外部效应能否内部化。在上述模型中，假定了过度取水将造成环境危害，如果两人的取水量超过一个定额，环境危害的后果是用水户的效用降为零。如果环境危害的后果并没有这么明显，或者参与人是短视的，只在乎现在取水而不管以后断水，这时也难以形成有效的习俗性产权。在现实生活中，外部效应的内部化不仅依赖于环境的恶化，还可能通过其他渠道产生，如 A 用水户取了太多的水，可能会激怒 B 用水户，引起 B 用水户的诉诸武力等过激行为，这也会阻止 A 过度取水，促使水资源习俗性产权的形成。

3.4　本章小结

　　本章首先研究了流域水权制度。每个流域都是一个相对独立的水系，都有着自身相对完整的自然生态环境和不同的水资源稀缺程度。既然水权的设立与稀缺程度相关，只要一个流域水系存在着水资源的宏观稀缺，也就应在一般水权之下专门设立流域水权，以反映不同流域的稀缺程度。流域水权制度，指的是以流域为单元建立的规范政府与用水户之间，以及用水户之间水行为的权、责、利关系的一系列规则的总和，是从法制、体制、机制等方面对流域水权进行规范和保障的一系列制度的总称。

　　其次，对建立流域水权制度的目标与原则进行了分析。传统经济学认为，竞争机制能够带来活力与效率，其实这种观点具有很大的片面性，适当的竞争确实能带来高效率，但过度的竞争也会导致资源的浪费。从本质上来说，建立流域水权制度就是建立一种用水户之间的合作机制。完善的流域水权制度遵循可持续利用、水权明晰、优化配置等原则。接着对流域初始水权配置、流域水权交易及流域水权监管的目标与原则进行了研究。

再次，研究了流域水权制度体系与安排。流域水权制度体系主要由水资源所有权以及所有权与使用权相分离、流域水权的配置、流域水权的交易、流域水权的监管等正式制度和流域水权非正式制度等内容组成。对流域水资源所有权与使用权相分离制度安排、初始水权配置与交易制度安排、水权监管制度安排进行了分析。在分析国外流域水权管理组织结构以及我国流域水权管理现状的基础上，得出了流域水权管理的组织形式。分析了习俗在水资源分配过程中所起到的作用。

本章的创新点在于根据水资源的自身规律和不同流域水资源的稀缺性差异，提出并系统研究了流域水权制度。

第 4 章　流域初始水权配置

4.1　初始水权配置优先位序的确定

4.1.1　几种主要初始水权配置规则及其缺陷

关于初始水权配置中优先位序的确定。因确定的标准与原则不同，那么确定出来的优先位序也不一样。在世界各国和我国的实践中，确定初始水权配置的主要标准和原则有：以用水目的为标准确定初始水权配置优先位序，以地域优先原则（河岸权和上游水权优先权）、时间优先原则（先占用原则）、承认现状原则、水质保护原则、习惯用水权制度等确定初始水权配置的优先位序。

（1）以用水目的为标准规则及主要缺陷。以用水目的为标准确定初始水权配置的优先位序，主要强调的是公平，但对效率和非正式约束的习惯用水权制度等很少顾及。新制度经济学的主要代表人物诺思认为，再好的正式规则，若远远偏离了非正式规则，也是"好看不中用"。因此，仅仅以用水目的为标准确定初始水权配置的优先位序，在初始水权配置过程中将很难执行下去。

（2）地域优先规则及主要缺陷。地域优先规则，即以河岸权和上游水权优先权来确定初始水权配置优先位序。沿岸所有权是指土地所有人根据与其土地相毗邻的河岸自然地享有水权。主要缺陷为，河岸权原则只解决了毗邻水资源的土地的用水问题，使与河流不相邻的工业和城市的用水也受到了限制，造成水资源的浪费，并且难以体现公平；在水资源短缺时，上游水权优先权往往使上游用水获得满足，而下游会严重缺水。虽然沿岸所有水权制度随着经济社会的发展发生了一些实质性的变化，但是实践证明，这种法律制度仅仅适用于水资源丰富的地区和国家，对于水资源短缺的干旱和半干旱地区，沿岸所有水权制度存在着种种问题。

（3）时间优先规则及主要不足。占有制度的基本原理以时间优先，即优先占用确定初始水权配置优先位序。占有水权理论认为，河流中的水资源处于公共领域，没有所有者，因此谁先开渠引水并对水资源进行有益使用，谁就占有了水资源的优先使用权。虽然与土地使用权无关，同时具备排他性、让与性和可执行性，但不能兼顾未来人口增长的生活需水、未来公共社会效益和生态环境需水的利益，对未来居民生活用水和社会公共利益有失公平。

4.1.2　非正式规则对初始水权配置的影响

以习惯用水权制度等非正式约束确定初始水权配置的优先位序的主要规则有：河岸权和上游水权优先权等地域优先原则、时间优先的先占用原则等。通过对各国水权制度的形成和发展的考察可知，无论沿岸所有水权，还是上游水权优先权，用水户对水权的获得，均是将先占用原则作为确定水权取得优先权的主要原则，时间将是水权取得优先顺序的决定因素，按水权取得的时间先后确定位序，先取得的水权位序优先。这就是说谁最早占用水权，谁就拥有了该水权。沿岸所有水权是与河岸相邻的土地需要用水的场合，首先必须取得水权，然后才有正当权利用水。地表水如此，地下水也是如此，土地所有权人或使用权人对地下水也不当然具有水权，其用水也必须受先占用原则的束缚。而用水户异地抽取地下水需注意的问题是，用水户必须通过他人所有或使用的土地，因而必须取得相邻权和地役权。因此，我国的水权制度建设，应对沿岸所有权、上游水权优先权和优先占用权等非正式约束习惯水权予以肯定。

4.1.3　我国现行水权配置优先位序与不足

我国水法第二十一条以用水目的确立了如下水权优先位序：生活用水、农业用水、工业用水、生态环境用水、航运用水；同时在干旱和半干旱地区开发利用水资源，强调了应当充分考虑生态环境用水之需要。这一位序安排基本上体现了优先满足基本需要和保护生态环境的思想，但存在很大缺陷：

第一，层次界定的太粗，不够严谨，并且可操作性不强，其合理性还需要重新界定。比如生活用水问题，生活用水分为城镇生活和农村生活两类，其中城镇生活包括城镇居民生活用水和公共设施用水，农村生活包括农村居民和牲畜饮水。显然，城镇居民生活用水和公共设施用水、农村居民用水以及牲畜饮水的基本情景和高情景，均不在一个优先级别上，把这些列为一个优先位序，是不恰当的。又比如，林业生态需水级别，存在现状天然生态最低需水量、现状天然生态适宜需水量和生态建设规划发展需水量（包括营造生态林和经济林等生态需水量，即退耕还林和荒山造林等），显然，需水也不在一个优先级别上。

第二，对生态环境用水的优先位序的确定，不太合理。把生态环境用水排在生活、农业、工业的后面，与"以人为本，坚持人和自然的协调与和谐，共同发展"的原则不相符合。因为水不仅是人类的生命之源，也是动植物的生命之源，又是自然环境的重要组成部分。动植物与人类共处于一个生物链中，如果这个生物链出现断裂，那么人类也就很难或无法生存。

第三，没有考虑水污染问题，需要在初始水权配置中予以考虑。我国之所以出现水质污染加剧、生态环境劣变等水资源问题，追溯根源主要是由于水权虚位。

4.1.4　对初始水权配置优先位序的重新界定

4.1.4.1　各类用水级别的界定

（1）生活用水。生活用水按需水级别可设定确保和基本情景两套方案，以确定相应的初始水权配置级别：一级为以确保需水方案作为初始水权合理配置的基本方案，主要指城镇和农村居民生活需水、城镇公共设施用水以及确保方案下的牲畜饮水，这类用水直接关系到人类的生存，必须予以确保。二级为以基本情景方案下的牲畜饮水，可作为初始水权合理配置的发展方案。

（2）农业用水。一般而言，农业用水主要包括农田、林果地、草地的灌溉和渔业需水等。农业用水也可设定基本情景和高情景两套方案，基本情景主要指原灌面（即现状灌溉面）与现状渔业用水；高情景主要指未来的新发展灌面和渔业发展用水。我国是一个发展中的农业大国，粮食问题仍是我国近一时期的主要问题，因此无论是基本情景方案还是高情景方案，在初始水权分配时均必须予以考虑。但根据水资源的紧缺程度，可将农业基本情景用水界定为一级，把农业高情景用水界定为二级。

农业需水量与降水条件关系极为密切，并且各地区因气候条件与非气候条件等因素其差别也较大，一般可按平水年或中等干旱年份的灌溉定额，作为向农业配置初始水权的依据。

（3）工业用水和水质保护。因为水污染主要是由工业用水造成的，因此需要把工业用水和水质保护绑定在一起，进行初始水权分配级别的界定。工业用水户主要有现状的工业用水户和未来的工业用水户两类。

可按照尊重现状用水的原则，把现有的工业用水户核定在基本发展情景方案中，并按用水户排污量的大小确定优先位序的级别：一级为无污染的用水户，予以优先分配初始水权；二级为无有机污染物污染的用水户，可次优先考虑分配初始水权；三级为轻度的有机污染物的用水户，放在第三位考虑分配初始水权；四级为重度的有机污染物的用水户，放在最后一位考虑分配初始水权，并且将其初始水权压缩至最低限度。在上述确定优先级别的同时，针对不同类别的用水户，按照容量总量控制的目标，从水环境质量标准、现在的污染物排放水平以及技术与经济上的可行性出发，针对特定的环境目标或污染物削减目标，运用各种水质模型，反推出各类用水户允许排入水体的污染物总量，负荷分配的基本原则是以最小的污染治理投资达到污染控制的目标要求进行排污权的初始分配。可按上述基本情景下的工业用水考虑初始水权的配置。

对未来的工业用水户，可按高发展情景予以解决其用水问题，主要是采取到水权市场上以购买的方式解决用水问题。其通过市场再次配置水权的级别仍需按上述界定的级别进行。

（4）生态环境用水。生态环境用水主要包括林业、水生物、城市绿地等，针对不同的对象，需要界定不同的级别。

林业生态主要包括林地、草地、梯田等，主要指退耕还林还草、荒山荒坡治理、水土保持、防护林建设等。其用水级别可划分为：一级天然生态保护需水，即现状天然生态最低需水，此类用水必须确保；二级天然生态恢复需水量，即现状天然生态适宜需水，或称现状天然生态建设需水，可界定为基本情景下的用水；三级为生态建设规划发展需水量（包括营造生态林和经济林等生态需水量，即退耕还林和荒山造林等），可界定为高情景下的用水。

水生物用水。按水生物生存的下限与安全值确定优先位序的级别：一级为按水生物生存的下限进行分配初始水权，即与生活用水同等级别，必须予以确保；二级为按水生物生存的安全值，可界定为基本情景下的用水；三级为按水生物生存发展的适宜值，可界定为高情景下的用水。对于河道内的最小流量，有关研究成果表明：平均流量的 10% 是许多水生生物生存的下限，该流量用水必须保证；平均流量的 30%（或更多）是水生生物生存的安全值，该流量可界定为基本情景下的用水。依据此方法，估算流域内干流各河段和部分支流的 10% 和 30% 的多年平均天然径流量。

城市绿地用水。根据不同功能需要，城市绿地有不同的分类方法，目前我国还没有标准规范。根据国家现行有关政策和便于城市用地统计，常用的城市绿地分类为：公园绿地、街旁绿地、居住绿地、单位附属绿地、道路绿地、防护绿地、生产绿地、风景绿地、城郊生态绿地等。其用水级别可划分为：一级城市绿地用水，主要范围为城市市中心和国家重要文物生态保护景区，可界定为基本情景下的用水；二级城市绿地用水，如生产绿地、城郊风景园林绿地、城郊生态绿地、小城镇绿地和一般文物生态保护景区等，可界定为高情景下的用水。

4.1.4.2 初始水权配置优先位序的重新界定

进行初始水权的合理分配，提高水资源的使用效率，是为了人类生存和发展。因此，初始水权分配优先位序的确定，应首先考虑人类的生存，其次才是发展。应基于该理念确定流域初始水权配置的优先位序。"以人为本，坚持人和自然的协调与和谐，共同发展"和"坚持科学发展观"的原则，来确定初始水权配置优先位序，并以水质保护原则确定初始水权配置优先位序。按照上述生活、农业、工业、生态等各类用水级别的界定，进行统一考虑，可将初始水权配置优先位序规则界定为确保用水、基本情景用水、高情景用水等。

确保用水。主要包括：城镇和农村居民生活用水、城镇公共设施用水以及农村确保方案下的牲畜饮水、现状天然生态最低需水、水生物生存下限需水等。如，河道内平均流量的 10% 的用水必须保证。

基本情景用水。现状天然生态适宜需水、水生物生存的安全值的需水量、一级城市绿地用水（主要包括城市市中心绿地用水和国家重要文物生态保护景区用水）、现状畜牧业用水（以基本情景方案下的牲畜饮水）、现状灌溉面与现状渔业的农业用水、现有的无污染的工业用水户和无有机污染物污染的工业用水户以及轻度的有机污染物的工业用水户的用水、政府预留用水等。其初始水权配置优先位序可界定为：农业、畜牧业、无污染和无有机污染物污染的工业用水、生态、政府预留、轻度的有机污染物的工业用水。如，河道内平均流量的 30% 的用水。

高情景用水。生态建设规划发展需水（包括营造生态林和经济林等生态需水量，即退耕还林和荒山造林等）、水生物生存发展的适宜值的需水量、二级城市绿地用水（主要包括生产绿地、城郊风景园林绿地、城郊生态绿地、小城镇绿地和一般文物生态保护景区用水等）、未来畜牧业发展用水、未来新发展灌溉面和渔业新发展用水、现有的重度有机污染物的工业用水户、新的工业用水等。其水权再次或市场配置的优先位序可界定为（主要通过水权交易来实现）：农业、畜牧业、生态、现有的重度有机污染物的工业用水户、新的工业用水等。

4.1.5　初始水权配置优先位序规则的确定

上述关于初始水权配置优先位序的分析，只是以用水目的为标准来确定的正式规则，仔细分析可以发现，这只解决了一方面的问题，还未能与地域优先规则和时间优先规则相衔接，有时甚至会发生冲突。地域优先规则和时间优先规则，均是以承认现状原则的非正式习惯水权制度，虽然有这样那样的缺陷或不足，但以用水目的为标准确定的初始水权配置的优先位序规则，必须与习惯水权制度结合起来。根据新制度经济学关于正式约束和非正式约束必须相容的原理[39]，我们以用水目的为标准来确定的初始水权配置优先位序的正式规则，只有在社会认可，即与非正式规则相容的情况下，才能发挥作用。鉴于此，对我国初始水权配置优先位序设计如下：

在初始水权配置的范围上，我们应以地域优先规则进行界定。比如，以流域为单元分配初始水权，只有流域内和沿河岸的用水户才有获得初始水权的权力。又比如，黄河流域初始水权配置的范围，应为黄河流域内与下游河南、山东两省沿黄地区的各类用水户。

在保障饮水安全、粮食安全、经济用水安全及生态和环境安全的前提下，根据公平与效率兼顾、公平优先的原则，制定以用水目的为标准来确定我国初始水权配置优先位序的正式规则，同时兼顾时间优先、地域优先等非正式规则。具体运作方式如下：当水资源比较紧缺时，首先根据以用水目的为标准确定优先位序，即按确保用水、基本情景用水、高情景用水的先后位序，进行初始水权配置；当两个（包括两个）以上用水户的用水级别相同，但用水目的不同时，适用以用水目的为标准确定的优先位序；当两个（包括两个）以上用水户的用水级别和用水目的均相同时，适用时间优先或地域优先等非正式规则优先于无习惯用水权的用水户；当两个（包括两个）以上用水户的用水级别与用水目的均相同，并且均适用时间优先、地域优先等非正式规则时，那么适用先占用原则优于地域优先原则；当两个（包括两个）以上用水户的用水级别、用水目的、适用的非正式规则均相同时，可适用特殊规则。特殊的优先权规则，如我国实务中遵循的上游用水优先权。

4.2　初始水权配置模式的选择

初始水权配置中行政配置和市场配置的选择问题，目前占主导地位的看法是，在初始水权配置中使用行政配置，而随之进行水市场的交易。在前阶段解决公平问题，后阶段解决提高水资源利用效率问题。大量事实表明，在市场经济体制下，行政配置对水资源明显缺乏效率，运行成本越来越高，其原因主要在于：

（1）产权关系不清晰，现有产权制度失效。国家所有权受到条块的多元分割，国家作为国有资源所有者代表的地位模糊；各个利益主体之间的经济关系缺乏协调，造成使用权权益纠纷迭起。随着市场化改革的深入推进，地方利益主体地位日益强化，行政命令越来越难以得到有效落实，即所谓的"体制失效"，其实是现有产权制度的失效。

（2）行政配置机会成本高。行政配置（集中计划机制）立足于系统整体效益最优，政府为了提高水资源的配置效率，需要占有各用水户的真实需求和大量数据，需要处理繁杂的资产有用性信息，利用行政手段配置水权的制度运行的机会成本不断增高。

（3）权力寻租进一步削弱了行政配置机制在初始水权配置中的效率。通过市场机制配置初始水权，初始水权具有价值和交换价值，并能实现增值。用水户在初始水权配置中，在经济利益的驱使下，用水户就有动力谎报需水量，或通过行贿等投机手段获得更多的水资源。

综上所述，在初始水权配置中引入市场机制，势在必行。但由于交易成本的存在，市场机制实现效率决定于交易费用的大小。除此之外，阻碍市场配置效率的因素还有：

①交易方式上的困难和信息不对称。水资源必须通过渠道或管道使其成为消费者可使用的物品，这使得水权交易受到极大限制。在使用市场机制进行水资源配置的情况下，由于存在不能及时获得供求信息的可能性，从而会影响市场机制的配置效率。

②外部性。由于在水资源的使用过程中存在着外部性，即可能会出现私人成本与社会成本、私人收益与社会收益之间的不一致，从而导致水市场配置的无效率。例如，一地区向其上游出售水权，会减少下游地区的流量，从而对下游的用户、下游生态产生影响，这样，个人的成本就小于社会成本。外部性使地区或最终用户的最优水资源使用量脱离了社会最优。

③市场垄断影响水市场配置效率。水必须通过渠道或管道进行交易决定了水权交易的垄断性。这种垄断性不利于竞争，会严重影响通过市场机制配置初始水权的效率。

上述因素使得水市场并不能完全满足水资源配置的效率要求。那么，在初始水权配置中，行政配置和市场配置这两种机制谁更有效率？水资源是关系到国计民生的战略性资源，同时又关系到社会的公平、生态系统的完整性和可持续发展。而市场机制又明显缺乏实现社会公平目标、环境目标和可持续发展的功能，并且，许多方面不可能形成市场或者不能用市场机制配置。因此，初始水权配置问题，只有通过行政配置和市场机制相结合的途径来解决。

4.3　初始水权配置的两步合成法

4.3.1　两步合成法的基本思想

参考国内外在水权配置方面的经验，结合中国的实际情况，提出如下兼顾三个目标，即公平、环境和效率目标的初始水权配置方法——两步合成法。

第一步，确保用水量、基本情景用水量和政府预留水量的配置。

以行政手段配置确保用水量、基本情景用水量和政府预留水量。分配确保用水量，主要是指对城镇和农村居民生活用水量、城镇公共设施用水以及农村确保方案下的牲畜饮水量、现状天然生态最低需水量、水生物生存下限需水量等的初始水权配置。分配基本情景用水量，主要是指对现状天然生态适宜需水量、水生物生存的安全值的需水量、一级城市绿地用水量、现状畜牧业用水量、现状灌溉面与现状渔业的农业用水量、现有的无污染和无有机污染物污染、轻度的有机污染物的工业用水户的用水量的初始水权配置。

确保用水量、基本情景用水量和政府预留水量配置的基本依据是水资源的承载力和各类用水户的用水定额。基于遵循高效、公平和可持续的目标与原则，根据水资源的承载力核算各类用水户的用水定额，按照用水定额对确保用水、基本情景用水的各类用水户配置初始水权。用水定额必须足以考虑各类用水户的生存与基本发展；用水定额管理机制必须足以调控各类用水户的用水方式和用水效率，从而实现在目前以及近几年的用水效率情况下没有剩余。即为体现公平性原则，在初始水权配置后的几年内，用水户没有剩余水权可以出售。这里需要指出的是，核算给各类用水户的确保用水量不得交易（即生活用水与牲畜、生物等低限生存用水不得交易），但国家可利用提价等经济杠杆形式以提高用水效率；核算给各类用水户的基本情景用水量，用水户通过投资采用新技术提高了用水效率而获得的剩余水权，可以进行交易，并且国家应鼓励之，以实现通过市场机制重新优化配置水权获得用水效率的提高与节约用水。

第二步，在总水量中，扣除上述第一步基本用水量，对剩余水权进行拍卖。

第一步的基本用水分配中体现了公平和环境目标，第二步对剩余水权进行拍卖体现了效率目标。即第二步对剩余水权进行拍卖，是在保证实现了公平目标和充分反映了社会效益的基础上而进行的，此时仅仅需要实现水资源的利用效率，不再需要考虑社会效益问题。

初始水权分配的效率目标，在初始水权分配方案中主要通过对剩余水权进行拍卖来实现，达到提高用水效率的目标。同时，在初始水权分配的第一步，本书建议农业和工商业用水不能按以往低效率的用水来配置，应针对流域内不同区域不同的主要农作物和不同行业的工商业，通过调查研究进行定额管理，确定现实可行的、比现有用水效率有明显提高的"期望用水效率"，以此来确定两步合成法的第一步中的农业灌溉基本用水和工业基本用水的"期望用水量"。因为在农村灌区的系统内，根据轮灌、水深、土地面积和流量的比例，水资源分配存在很大的变化范围[136]。与发达国家相比，工业用水也存在较大的节约空间。因此，"期望用水效率"的引入将对农业和工业等各类用水户进行技术改造、提高用水效率起到很大的促进作用。鉴于篇幅所限，本书对采用"期望用水量"来分配初始水权问题，不再做进一步详细深入研究。

4.3.2　确保用水和基本情景用水的配置

本书配置初始水权的主导思想为：无论是什么流域，什么地区，首先分配确保用水，并且予以满足，如果一个流域或地区的确保用水得不到满足，那么这个流域或地区的生命将很难存在。为此，在初始水权配置中，本部分研究的重点是对基本情景用水的分配（因为确保用水必须优先满足，在总供水量中，扣除确保用水后，剩余水量才分配给基本情景用水和高情景用水，而高情景用水问题，本章的分配思路是通过采取市场拍卖的形式来解决）。因此，将尝试用层次分析法（AHP）模型解决基本情景用水量的分配问题。AHP法对于解决定性指标定量化的这一类问题比较适用，具有很好的应用前景。从水的使用权的角度出发，以水量分配的公平性、有效性、可持续性准则入手，建立水量分配层次分析模型，进行基本情景用水量的分配。

4.3.2.1　水量分配指标体系

（1）确保用水。主要包括：城镇和农村居民生活用水、城镇公共设施用水、农村确保方案下的牲畜饮水、现状天然生态最低需水、水生物生存下限需水等。

（2）基本情景用水。主要包括：现状灌溉面与现状渔业的农业用水、现状畜牧业用水、现有的无污染的工业用水户、无有机污染物污染的工业用水户、现状天然生态适宜需水、水生物生存的安全值的需水量、一级城市绿地用水、轻度的有机污染物的工业用水户的用水、政府预留用水等。

（3）高情景用水。主要包括：未来新发展灌溉面和渔业新发展用水、未来畜牧业发展用水、生态建设规划发展需水、水生物生存发展的适宜值的需水量、二级城市绿地用水、现有的重度有机污染物的工业用水户、新的工业用水等。

4.3.2.2　构建层次结构图

建立层次结构图时，把水量分配（目标层）列在最高层，把实现总目标所涉及的相关约束（水量分配指标体系）放在最底层。各情景用水水量分配层次结构见图 4-1～图 4-3 所示。

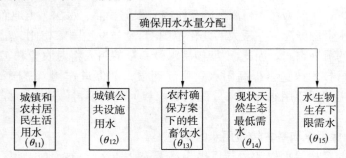

图 4-1　确保用水水量分配层次结构

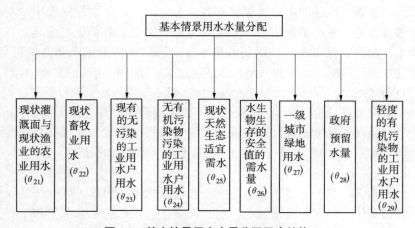

图 4-2　基本情景用水水量分配层次结构

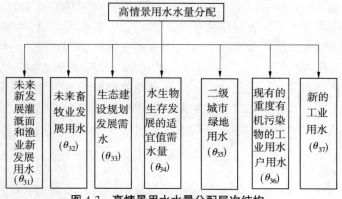

图 4-3　高情景用水水量分配层次结构

4.3.2.3　计算各个指标的相对权重值

1）判断矩阵

利用层次分析模型进行水量分配的最重要一步，是确定各水量分配指标在总目标中所占的比重。这首先需要确定各个指标之间的重要性，通过两两指标相比较求得相应的重要性判断矩阵 $[u_{ij}]_{n \times n}$。两两指标相比的重要程度判断值 u_{ij} 的确定方法见表 4-1，其中 u_{ij} 表示第 i 指标与第 j 指标相比的重要程度，u_{ji} 则相反，$u_{ji} = 1/u_{ij}$。通过两两指标的比较，可得到判断矩阵 $U = [u_{ij}]_{n \times n}$，$n$ 为指标个数。

表 4-1　指标重要程度判断值的取值方法[137]

u_{ij}	1	3	5	7	9	2、4、6、8
i 指标与 j 指标相比	同等重要	稍微重要	明显重要	强烈重要	绝对重要	重要程度介于各等级之间

u_{ij} 的确定原则是：①当两个用水户的用水级别相同但用水目的不同时，以用水目的为标准确定其相对重要程度；②当两个用水户的用水级别和用水目的均相同时，以时间优先或地域优先等非正式规则为标准确定其相对重要程度；③当两个用水户的用水级别与用水目的均相同，并且均适用时间优先、地域优先等非正式规则时，以先占用原则优于地域优先原则为标准确定其相对重要程度；④当两个用水户的用水级别、用水目的、适用的非正式规则均相同时，以特殊的优先权规则为标准确定其相对重要程度。

2）相对权重

然后，确定各指标的重要程度（相对权重）系数 a_i。根据上述判断矩阵 U，用乘幂法计算它的最大特征值 $\lambda_{\max}$（利用 Matlab 数学软件很容易得到），其最大特征值 $\lambda_{\max}$ 所对应的特征向量即为所要确定的重要程度系数 a_i，记为：$A = (a_1, a_2, \cdots, a_n)$。

3）一致性检验

最后，检验判断矩阵 U 的相容性（也称一致性）。

$$C(U) = (\lambda_{\max} - n) \cdot (n - 1)^{-1} \tag{4-1}$$

式中：$C(U)$ 为矩阵 U 的不相容度(也称一致性指标)，判断矩阵 U 的 $C(U)$ 越大，则 U 的不一致程度越严重。为找出衡量一致性指标 $C(U)$ 的标准，引入随机性指标 CR，CR 的取值方法见表 4-2。若 $C(U)/CR < 0.1$，认为矩阵 U 的相容性好（即通过一致性检验），否则需重新调整原始判断矩阵 U。

表 4-2 随机性指标 CR 值[137]

n	3	4	5	6	7	8	9	10	11
CR	0.58	0.90	1.12	1.24	1.32	1.41	1.45	1.49	1.51

注：表中 n 为指标个数，如对于基本情景用水水量分配，$n=9$。

4.3.2.4 分配

根据上述模型确定的各指标的相对权重系数和可分配总水量，利用加权平均模型计算配水额。设可分配总水量为 θ，确保用水量为 θ_1，基本情景用水量为 θ_2，则各情景用水量按下述模型分配。

1）确保用水水量分配

设各指标配水额为 θ_{1i}（$i = 1, 2, \cdots, 5$），则当 $\theta \geqslant \theta_1$ 时，

$$(\theta_{11}, \theta_{12}, \cdots, \theta_{1i}, \cdots, \theta_{15}) = \theta_1 \cdot (a_{11}, a_{12}, \cdots, a_{1i}, \cdots, a_{15}) \qquad (4\text{-}2)$$

如果 $\theta \leqslant \theta_1$ 时，则式（4-2）中取 $\theta_1 = \theta$。

2）基本情景用水水量分配

设各指标配水额为 θ_{2i}，（$i = 1, 2, \cdots, 9$），则当 $\theta - \theta_1 \geqslant \theta_2$ 时，

$$(\theta_{21}, \theta_{22}, \cdots, \theta_{2i}, \cdots, \theta_{29}) = \theta_2 \cdot (a_{21}, a_{22}, \cdots, a_{2i}, \cdots, a_{29}) \qquad (4\text{-}3)$$

如果 $\theta - \theta_1 \leqslant \theta_2$ 时，则式(4-3)中取 $\theta_2 = \theta - \theta_1$。

3）高情景用水水量分配

高情景用水的水量分配，应首先体现效率目标，其次是体现公平目标。

当 $\theta - \theta_1 - \theta_2 \leqslant 0$ 时，则无需对高情景用水进行分配，因无水可分配。

当 $\theta - \theta_1 - \theta_2 > 0$ 时，为提高用水效率目标的实现，本书建议采取拍卖形式解决初始水权配置的效率问题。在此基础上，建议在拍卖过程中，当各用水户出价相同或价差很小（可设定一个小的合理的价格区间）的情况下，对参加竞标拍卖并且进入效率目标范围的极少数的用水户，可按上述研究结果确定的优先位序和 AHP 法配置初始水权。其分配模型为：设各指标配水额为 θ_{3i}，（$i = 1, 2, \cdots, 7$），则

$$(\theta_{31}, \theta_{32}, \cdots, \theta_{3i}, \cdots, \theta_{37}) = (\theta - \theta_1 - \theta_2) \cdot (a_{31}, a_{32}, \cdots, a_{3i}, \cdots a_{37})$$

$$(4\text{-}4)$$

4.3.2.5 基本情景初始水权配置举例分析

（1）模型假设：假设现有可分配水量 $\theta_2 = 100 \times 10^8 \ \text{m}^3$。有 A（农业）、B（生态）、C（工业）三类基本情景用水户，其中 A 类共有 4 个用水户，B 类共有 2 个用水户，C 类共有 4 个用水户。各用水户的现状用水情况略（其优先顺序可从下述判断矩阵中得到部分反映）。

（2）层次结构模型：10 个用水户的层次结构如图 4-4 所示。

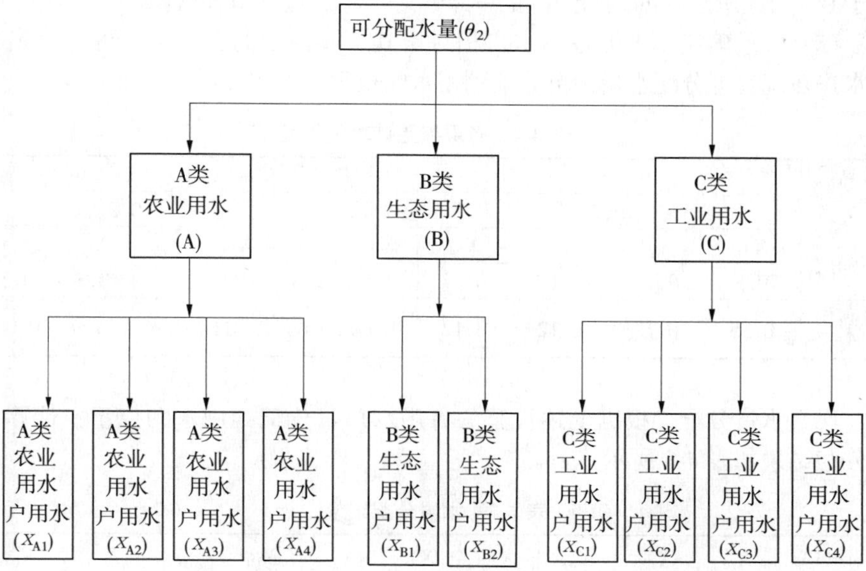

图 4-4　三类基本情景用水户水量分配层次结构

（3）构造判断矩阵：依据各用水户的现状用水情况和前述两两相比的重要程度判断值 u_{ij} 的确定原则，采用专家咨询法分层次建立判断矩阵，如表 4-3 所示。

表 4-3　判断矩阵及一致性检验

θ_2	A	B	C
A	1	7	7/2
B		1	1/2
C			1
$\lambda_{max}=3$			
$C(U)=0$			

A	X_{A1}	X_{A2}	X_{A3}	X_{A4}
X_{A1}	1	3	3	3
X_{A2}		1	1	1
X_{A3}			1	1
X_{A4}				1
$\lambda_{max}=4$　$C(U)=0$				

B	X_{B1}	X_{B2}
X_{B1}	1	1
X_{B2}		1
$\lambda_{max}=2$		
$C(U)=0$		

C	X_{C1}	X_{C2}	X_{C3}	X_{C4}
X_{C1}	1	1/3	1/3	1/3
X_{C2}		1	1/3	1/3
X_{C3}			1	1/3
X_{C4}				1
$\lambda_{max}=4$　$C(U)=0$				

（4）一致性检验：经计算得，上述每一判断矩阵 U 的不相容度C（U）均等于 0，因此所建立的判断矩阵的一致性好，均通过一致性检验。

（5）权重确定：根据各用水户相对于其所属类型的权重值，可计算出各用水户在现有可分配水量中可分配到用水的权重，如表 4-4 所示。

表 4-4　各层权重计算结果

最高层	A				B		C			
θ_2	0.7				0.1		0.2			
中间层	X_{A1}	X_{A2}	X_{A3}	X_{A4}	X_{B1}	X_{B2}	X_{C1}	X_{C2}	X_{C3}	X_{C4}
	0.5	0.17	0.17	0.17	0.5	0.5	0.1	0.3	0.3	0.3
最高层 θ_2	0.35	0.12	0.12	0.12	0.05	0.05	0.02	0.06	0.06	0.06

（6）水量分配：根据上述计算的各用水户可分配到用水的权重，计算水量分配结果如表 4-5 所示。

表 4-5　水量分配结果　　　　　　（单位：$\times 10^8$ m³）

用水户	X_{A1}	X_{A2}	X_{A3}	X_{A4}	X_{B1}	X_{B2}	X_{C1}	X_{C2}	X_{C3}	X_{C4}
分配水量	35	12	12	12	5	5	2	6	6	6

4.3.3　剩余水权的拍卖

初始水权配置是一个多层次问题，它包括流域管理部门在各行政区间的分配、高一级行政区向较低级行政区间的分配、政府管理部门在水用户间的分配等。但是，各层次的分配过程中均存在信息不完全的问题，即分配水权的权威部门无法获知水权申请人的真实需水量。若任由申请人自己申报，申请人有虚报的激励；若由权威部门经过调查来自行决定，又存在调查费用较高的问题，从而会出现水资源使用的无效率。所以，本节把问题简化为以分配水权的权威部门为委托人、以水权申请人为代理人的委托 - 代理问题，要解决的问题是拍卖方式的选择、委托人设计怎样的拍卖机制，激励代理人在水权申报过程中提供自己的真实需水量。通过对总水量扣除基本用水后的剩余水权进行拍卖，需水量高的水权人将从竞拍中胜出，取得剩余水权的使用权。也就是说，需水量高、用水效率高的用户将在初始水权分配的第二步获得更多的水资源，从而解决了初始水权分配中的效率问题。

4.3.3.1　拍卖方式的比较及选择

拍卖是根据一系列规则，通过竞买人的竞价行为来决定商品的价格从而进行资源配置的一种市场机制[138]。拍卖有多种不同的方式，比较常用的有密封价格拍卖和双方叫价拍卖两种。其中，密封价格拍卖又可分为一级、二级、三级……多种形式。一级密封价格拍卖是指投标人同时将自己的出价写下来装入一个信封中，密封后交给拍卖人，拍卖人打开信封，出价最高者是赢者，按他的出价支付价格，拿走被拍卖的物品；二级密封价格拍卖是指报价最高的投标人获得商品，但出的价格是第二个最高报价者的报价；同理，三级密封价格拍卖，指的是报价最高的投标人获得商品，但出的价格是第三个最高报价者的报价；其他类推。双方叫价拍卖是一种比较特殊的市场交易方式，其交易规则是：买方与卖方同时报一个价格，设买方的报价为 P_b，卖方的报价为 P_s，如果 $P_b \geqslant P_s$，则以价格 $P = (P_b + P_s)/2$ 成交，否则不成交。

为促进剩余水权的高效利用，需要选择适当的拍卖方式。在剩余水权拍卖中，不同代理人具有不同的真实需水量，真实需水量大的代理人对单位水权价值评价较高，相应地，真实需水量小的代理人对单位水权价值评价也较小。由于信息不完全，代理人就会有意隐瞒单位水权对自己的真实价值，为获得更大的消费者剩余，其出价一般会小于真实价值，使委托人难以准确了解代理人的真实需水量类型。

1）密封价格拍卖

在剩余水权的一级价格密封拍卖方式下，代理人越少，其出价越偏离真实价值；随着代理人的增多，其出价逐渐接近真实价值。张维迎（1996）得出：在只有两个代理人的情况下，每个代理人的出价是其实际价值的一半，即 $b^* = \dfrac{v}{2}$（这里，b^* 代表代理人的最优出价战略，v 为单位水权对代理人的真实价值）；当代理人扩展到 n 个时，$b^* = \dfrac{n-1}{n}v$；当 $n \to \infty$ 时，$b^* \to v$，表明了代理人越多，卖者能得到的价格就越高，当代理人趋于无穷时，委托人几乎能得到代理人价值的全部。

二级密封价格拍卖机制是一种巧妙而有效的市场交易机制之一，是威廉·维克里（William Vickrey，1961）首次提出的[139]，它能诱使代理人吐露出他愿意支付的真实价格[138]。给定其他代理人报实价，每个代理人的报价只决定自己是否得到商品，而不决定自己实际支付的价格，低报则冒着失去获取剩余的机会的风险，高报则冒着亏损的风险。在二级密封价格拍卖机制中，真实的出价是一种最优策略，即不管竞争对手如何行事，这种出价始终是自己的最佳策略。物品将拍卖给最高出价代理人，他在支付社会机会成本（即第二最高价）的同时也获得消费者剩余。从这个意义上讲，这种拍卖机制符合帕累托最优标准，是一种有效率的市场机制[138]。

对三级价格密封拍卖来说，均衡的策略将会使报价在某种程度上高于真正愿意支付的价格。这种报价高于愿意支付的真实价格的中标所带来的损失会被另一种潜在的、更多的收益可能性所补偿，即次高价高于真正愿意支付的价格，而第三高报价低于愿意支付的真实价格，三级价格密封拍卖往往增加投机说假话的概率，而说假话往往比说真话对代理人来说存在有利可图的机会。

2）双方叫价拍卖

在剩余水权的双方叫价拍卖中，同样存在信息不完全问题。考虑只有一个委托人和代理人的情形，委托人提供水权的单位成本为 c，单位水权对代理人的价值为 v，c 和 v 只由当事人自己知道，对方并不了解。根据上面的交易规则，假设博弈双方的战略均满足线性条件，可以得出双方叫价拍卖的均衡线性战略。张维迎（1996）和谢识予（2002）给出了均衡线性战略为 $P_s^* = \frac{1}{4} + \frac{2}{3}c$、$P_b^* = \frac{1}{12} + \frac{2}{3}v$。根据交易规则，只有 $P_b^* \geqslant P_s^*$ 时才会成交，即 $v \geqslant c + \frac{1}{4}$。双方叫价拍卖还存在其他均衡战略，如单一价格均衡。但梅耶森和沙特威托（Myerson and Satterthwaite, 1983）证明，在均匀分布的情况下，线性战略均衡比任何其他贝叶斯均衡产生的净剩余都高[140]。

3）拍卖方式的选择

当参与拍卖人数较少时，一级密封价格拍卖下的代理人出价远远小于其价值，代理人获得了较大的消费者剩余，但委托人难以实现既定的效率目标。因此，当参与拍卖的代理人数较少时，不宜采用这种拍卖方式；当参与人数较多时，可以采用这种拍卖方式。比较起来，二级密封价格拍卖看似只是制度上的一点创新，但这一创新意义十分重大，解决了"激励相容约束条件"，即机制的设计兼顾了委托人、卖者与竞买者的利益，使竞买者的行为趋向于委托人期望的结果，只有当竞买者选择卖者所希望的行动时得到的期望效用不小于他选择其他行动时得到的期望效用时，竞买者才有积极性选择卖者所希望行动。机制中将最高价与次高价之间的差额作为"说真话"的奖励，这一制度创新巧妙地解决了一级、三级密封价格拍卖中的道德风险行为，并且能更有力地促使人们在拍卖中"说真话"、"报实价"，使得二级密封拍卖机制更可行、有效[138]。

当 $v \geqslant c + \dfrac{1}{4}$ 时，双方叫价拍卖才能实现交易的正常进行，事后效率（ex post efficiency）要求当只有 $v \geqslant c$ 时交易就应该发生[141]。很明显，双方叫价拍卖错过了所有 $v < c + \dfrac{1}{4}$ 的交易机会，包括 $v \geqslant c$ 时对双方均有利的交易机会，难以达到较高效率。

比较以上几种拍卖方式，本书认为剩余水权的拍卖应考虑采取密封价格拍卖形式：代理人较少时，采用二级密封价格拍卖形式；代理人较多时，采用一级密封价格拍卖形式。

4.3.3.2　拍卖机制设计

在一级密封价格拍卖中，代理人同时报价，报价最高者获得商品，而不中标者则无任何损失。这种拍卖方式隐含着一些对委托人不利的危险因素：一是当代理人较少时，其出价很可能会非常低，大大低于其价值。如果代理人之间再形成某种形式的串通，则委托人吃的亏可能会更大。二是代理人参与投标而不中标没有任何代价，这样代理人就不会积极争取成交，而是会采取以低标价多次参加投标的方法，希望投机获取较大的利益。为避免这些问题，代理人可以对拍卖的规则进行改进，如设置一个底价，若最高标价未达到这个底价就不能成交，这样可以避免中标价格太低造成重大损失；也可以要求代理人支付一定的投标费用，使不中标的代理人也有一定的成本，从而促使代理人积极争取中标，提高成交率与成交价格。委托人对拍卖规则的设计，实际上就是对拍卖博弈规则的设计[141]。

拍卖机制的设计是一个复杂的过程，为了简化机制设计，需要应用梅耶森（Myerson，1979）揭示原理：任何贝叶斯博弈的任何贝叶斯纳什均衡，都可以被一个说实话的直接机制"代表"[141]。

应用这些原理，对剩余水权的拍卖进行机制设计。为分配水权的权威部门设计一个"信号博弈"（message game），在这个模型中，代理人的纯战略是发出信号，博弈规则规定如何根据代理人发出的信号决定谁会得到剩余水权和支付什么价格。假设只有两个代理人 A、B，每个代理人满足正常生产或生活的用水量分别为 θ_1 和 θ_2。假定 θ_1 和 θ_2 是独立的，具有相同的分布函数。θ_i 只有两个可能取值：$\bar{\theta}$ 或 $\underline{\theta}$，$\bar{\theta} > \underline{\theta}$。$\theta_i$ 取 $\underline{\theta}$ 的概率为 $\underline{p}$，取 $\bar{\theta}$ 的概率为 $\bar{p}$，$\underline{p} + \bar{p} = 1$。每个代理人知道自己的真实需水量，委托人和另一个代理人不知道，但是 $\bar{p}$ 和 $\underline{p}$ 的数值是共同知识。这个假设反映了信息不对称的存在，是逆向选择问题存在的根源。

根据张维迎（1996）的结论，代理人的参与约束（individual rationality，IR）和激励相容约束（incentive - compatibility constraint，IC）为：

$$
\left.
\begin{aligned}
&IR_1: & R_\underline{\varrho}(\theta_0)\underline{X} - \underline{T} \geqslant 0 \\
&IR_2: & R_{\bar{\varrho}}(\theta_0)\overline{X} - \overline{T} \geqslant 0 \\
&IC_1: & R_\underline{\varrho}(\theta_0)\underline{X} - \underline{T} \geqslant R_\underline{\varrho}(\theta_0)\overline{X} - \overline{T} \\
&IC_2: & R_{\bar{\varrho}}(\theta_0)\overline{X} - \overline{T} \geqslant R_{\bar{\varrho}}(\theta_0)\underline{X} - \underline{T}
\end{aligned}
\right\}
\tag{4-5}
$$

两个参与约束条件要求，不论代理人为何种类型，它参与拍卖的期望收益大于不参与的收益。两个激励相容约束要求，低需求量的代理人将报出较低的价格，高需求量的代理人将报出较高的价格，没有任何一种类型的代理人会假装自己是另一种类型的代理人。

在证明了 IR_1 和 IC_2 等式成立的条件下，求出委托人最优的拍卖机制。

通过出售额外的数量为 θ_0 的水资源，委托人从每个代理人身上得到的期望收入为：$ER_g = \underline{P}\,\underline{T} + \overline{P}\,\overline{T}$，将 IR_1 和 IC_2 的等式约束代入，得

$$
\begin{aligned}
ER_g &= \underline{p}R_\underline{\varrho}(\theta_0)\underline{X} + \overline{p}[R_{\bar{\varrho}}(\theta_0)\overline{X} - R_{\bar{\varrho}}(\theta_0)\underline{X} + \underline{T}] \\
&= [R_\underline{\varrho}(\theta_0) - \overline{p}R_{\bar{\varrho}}(\theta_0)]\underline{X} + \overline{p}R_{\bar{\varrho}}(\theta_0)\overline{X}
\end{aligned}
\tag{4-6}
$$

$R_{\bar{\varrho}}(\theta_0)$、$R_\underline{\varrho}(\theta_0)$、$\overline{p}$ 和 $\underline{p}$ 是共同知识，委托人可以通过确定 $\overline{X}$ 和 $\underline{X}$ 的值来最大化其收入。考虑两种可能的情况。

（1）$R_\underline{\varrho}(\theta_0) - \overline{p}R_{\bar{\varrho}}(\theta_0) < 0$ 时，最优显示机制为：$\underline{X}^* = 0$；$\overline{X}^* = \underline{p} + \frac{1}{2}\overline{p}$；$\underline{T}^* = 0$；$\overline{T}^* = R_{\bar{\varrho}}(\theta_0)(\underline{p} + \frac{1}{2}\overline{p})$。即当两个代理人都报出低价时，两者都得不到额外水资源；如果一个报低、一个报高，则报高者得到额外水资源；若两者都报高，水资源在两者之间随机分配，每人得到的概率为 $\frac{1}{2}$。报低价者得不到额外水资源，也不用支付任何费用。报高价者如果得到的话支付的价格为 $R_{\bar{\varrho}}(\theta_0)(\underline{p} + \frac{1}{2}\overline{p})$，如果得不到则支付的费用为 0。在这种机制下，4 个约束条件都得到了满足，各水权申请人将根据自身的需水情况报出相应的价格。

（2）$R_\underline{\varrho}(\theta_0) - \overline{p}R_{\bar{\varrho}}(\theta_0) > 0$ 时，最优显示机制为：$\underline{X}^* = \frac{p}{2}$；$\overline{X}^* = \underline{p} + \frac{1}{2}\overline{p}$；$\underline{T}^* = \frac{1}{2}R_\underline{\varrho}(\theta_0)\underline{p}$；$\overline{T}^* = R_{\bar{\varrho}}(\theta_0)(\underline{p} + \frac{1}{2}\overline{p}) - \frac{1}{2}[R_{\bar{\varrho}}(\theta_0) - R_\underline{\varrho}(\theta_0)]p$。

即当一个代理人报高价，一个代理人报低价，报高价者取得额外水权；若两个代理人同时报高价或同时报低价，则额外水权以 $\frac{1}{2}$ 的概率在两者间随机分配。很容易证明，这个结果能够同时满足四个约束条件，也就是说，此时代理人都会按照其自身的需求情况报出相应的价格。

4.3.3.3　拍卖机构的设置

剩余水权拍卖机构的设置不外乎有两种途径：一是由流域水权交易机构担当；二是重新出资设立。考虑到交易成本以及拍卖是水权交易的一种重要形式，本书认为剩余水权拍卖机构应由流域水权交易机构担当，这样可以避免流域水权机构的重置，节约水权交易成本。

流域水权交易机构应成立专门的剩余水权拍卖行，其主要职责如下：①负责拟定全流域剩余水权拍卖管理办法并组织实施；②负责收集、论证、审查、整理流域范围内的剩余水权拍卖项目，参与剩余水权拍卖项目的宣传联络和洽谈签约工作，签证剩余水权拍卖项目，并出具产权交割鉴证报告；③负责对下一级剩余水权拍卖行进行业务指导等。

根据流域水权交易机构设置下一级交易机构的情况，流域剩余水权拍卖行也可以设置下一级的拍卖分行，拍卖分行直接受拍卖行领导，负责管辖区域剩余水权拍卖的管理、组织实施、宣传联络和洽谈签约等工作。

4.3.4　两步合成法的优越性及不足

相对于其他的分配方案——如边际收益法（调查各个申请人的收益函数，按照各申请人边际收益相等的原则分配水资源）、影响因素权重确定法（分析有哪些因素会影响一个地区所分到的初始水权的数量，然后利用如专家评估法等方法确定这些因素影响的程度，即确定各因素的权数，然后进行加权平均）等而言，两步合成法有以下几个显著的优点：

（1）同时兼顾了效率、公平和环境三个目标。多数关于水权的文献都指出，初始水权的配置应该兼顾效率和公平，但是对于如何兼顾并没有提出相应的方案。信号显示机制是一种兼顾公平和效率的解决方案。从模型的假设中可以看到，配置的过程是，首先配水权威机构向每个申请人分配一个基本需水量，这解决的是公平问题，即保证每个申请人都可以获得一个水资源的保障使用量。然后对高情景用水量同低确保用水量、基本情景用水量间的差额进行拍卖。通过拍卖机制的设计，使得不同类型的申请人通过报价显示出其真实需水量。最后的配置结果是在一定的保证率下，高情景用水通过付费获得超过确保和基本需水量的额外水资源使用权。高情景用水户获得较多水资源，解决了效率问题。而初始水权配置同初始排污权配置的同步进行，将保证流域的可持续发展。

（2）将在最大程度上利用目前初始水权配置方法中的优点。改革是一个渐进的过程，水权分配改革亦是如此。两步合成法并非是对以往初始水权的完全抛弃，而是在以往行政配置基础上的改进。这是因为在第一步确定确保和基本情景用水量的过程中，仍需考虑往年用水量、人口、工业发展程度、耕地面积、各地区经济发展趋势、习惯用水非正式约束制度等诸多因素。

（3）减少政府官员寻租的机会。在此机制下，确保用水和基本情景用水可以按照定额进行配置，额外水权通过拍卖的机制来进行，制度相对透明，可以有效避免政府官员的寻租行为。

信号显示机制在初始水权配置过程中的使用，存在的问题包括：

（1）为分析简便，模型中的申请人数量为两个，这个假设是不失一般性的，即人数为 n 个时，仍可以得到同样的结论。但是，在理论上，当人数为 n 个时，为保证每个申请人都报出其真实而确切的需水量，需要举行 $(n-1)$ 次拍卖，这样往往就缺乏可操作性。因此，此模型还有进一步改进、拓展的需要。

（2）从模型中可以看出，额外水权最后可能会没有拍卖掉而留在配水权威机构手中，这是委托人为了激励代理人提供私人信息必须承担的成本，但是在现实中却造成了稀缺资源的闲置。改进的一种办法是，可以在第二步水交易中将配水权威机构也纳入交易的主体，让其在水市场中出售留在手中的水资源。

（3）水污染问题没有在该模型中解决。防治水污染问题将在下文第 6 章予以论述。

4.4　流域水权管理模式与配置体系

4.4.1　流域水权管理模式

水是人类赖以生存与经济社会发展不可替代的基础性资源，也是生态环境的基本要素。由于淡水资源有限且易受破坏和污染，因此流域水资源也是一种脆弱的资源，与土地、森林、矿产等资源不同，它是一种多功能的、动态的、可再生的资源。地表水与地下水相互转换，上下游、左右岸、水量水质相互关联，相互影响，难以按照地区、部门划分，难以按照城乡划分，这就要求按照以流域为单元对水资源或水文地质进行统一开发、利用和管理，才能妥善处理上下游、左右岸等地区间、部门间的水事关系，只有以流域为单元，对地表水和地下水、城乡水资源实行统一规划、统一配置、统一调度、统一管理，才能做到统筹兼顾各部门、各地区的利益，发挥水资源综合效益，才能更好地解决城乡当前出现的供水严重不足和水环境破坏带来的严重后果，保障流域国民经济持续、快速、健康发展。

目前，条块分割、多头管理，即所谓的"多龙管水"的问题依然存在，主要表现在：水源工程由水利部门管，配水设施由城市建筑部门负责，污水处理由环保部门或由市政管。管水源的不管供水，管水量的不管水质，管治理的不管污水回收。而水权的标的是一定数量和质量的水资源，这就要求有一个统一管理、统一分配的机构。虽然一些地区的水利局已经变成了水务局，相应地扩大了管理职能，以流域为单元建立了水利委员会（如黄河水利委员会等），但水资源配置仍然主要是行政配置，侧重于强化"分水协议"的实施保障机制，而不重视对利益主体的经济激励，可以说目前的流域管理体制仍然是指令性配置模式的延续。因此，必须建立强有力的流域统一管理模式，通过立法，强化流域管理机构的统一管理[142]。

因此，我们应该并且必须从"多龙治水"过渡到对流域水资源实行统一规划、统一配置、统一调度、统一管理。否则，政出多门，各部门、各地方各行其是，违背水循环的自然规律，必然会造成水资源的严重破坏。

流域初始水权统一配置、水量统一调度的管理模式，应是按照流域管理与行政区域管理相结合、统一配置和统一调度与分级管理相结合的原则进行。流域水资源产权的统一配置与水量的统一调度，应是对流域内的地表水、地下水，城市与农村，水量与水质实行整体性的综合管理。统一配置、统一调度的核心是水资源的权属管理。流域权属管理应以流域为单元，对水资源实行统一规划、统一配置、统一调度、统一发放取水许可证、统一实施水资源有偿使用制度、统一管理水量水质、统一监管。在流域水资源的权属管理和规划、调配、立法等重要的水事活动统一管理的前提下，发挥各区域地方政府、各部门在水资源产权统一配置、水量统一调度等方面的作用，并对其权限内的水资源的所有权实行统一管理，地方制定的区域规划以及各项专业规划必须服从流域综合规划。即实现"一龙管水、多龙治水"。

4.4.2　流域水权配置体系

4.4.2.1　流域水权配置体系建设

水权配置是一个自上而下的、多层次的体系，依次包括中央水行政管理部门在各流域间的分配、流域水权监管委员会在各行政区划间的分配、各级行政区划在更低一级的行政区划间的分配以及地方水行政管理部门在最终用户间的分配。

建立一个定义明确的法定水权配置体系对水权制度的建设十分重要。流域水权配置体系的建设应与流域水权制度建设、水资源管理体制的改革、国家经济体制改革总体方案同步，在流域现有的基础上，按照《水法》要求，循序渐进地进行改革创新。

以流域为单元对水权统一配置，首先需要以流域为单元对水资源的统一管理，只有在此基础上才能谈得上流域水权配置体系的建立。以流域为单元对水资源实行管理是当前世界水资源管理的共同经验。在 1992 年的《21 世纪议程》中，要求按照流域一级或子一级对水资源进行管理。我国《水法》也规定："国家对水资源实行流域管理与行政区域管理相结合的管理体制。国务院水行政主管部门负责全国水资源的统一管理和监督工作。国务院水行政主管部门在国家确定的重要江河、湖泊设立的流域管理机构，在所管辖的范围内行使法律、行政法规规定的和国务院水行政主管部门授予的水资源管理和监督职责。县级以上地方人民政府水行政主管部门按照规定的权限，负责本行政区域内水资源的统一管理和监督工作。"《水法》授权流域机构在统一管理流域水资源方面的主要职责为：负责组织流域水资源调查评价；组织拟订流域内省际水量分配方案和年度调度计划以及旱情紧急情况下水量调度预案，实施水量统一调度；组织指导流域内有关重大建设项目的水资源论证工作；在授权范围内组织实施取水许可制度，组织指导流域的水文工作，发布流域水资源公报。

我国《宪法》规定："中央和地方的国家机构职权的划分，遵循在中央的统一领导下，充分发挥地方的主动性、积极性的原则"，根据上述《水法》和《宪法》的规定，流域水权配置体系建设的基本思路可以为：纵向分级、横向分类。

纵向分级。即以目前流域的管理层次与权限为基础，也就是说，以目前流域机构与流域内各级行政区的水行政主管部门为依托，在国务院水利部授权的基础上作为国家所有权的代表，掌握水资源的管理权，按照总量控制与定额管理，负责对流域内的水资源进行一次分配（即第一次分配，也可称初始分配，亦即水资源使用权的初始分配，或称第一次取水许可总量的配置），这也是总量控制分配水权的第一层次。这一层次的分配可按照上文界定的初始水权配置的优先位序进行分配，分配的范围界定为流域内与沿河两岸的地区现有用水户。在水权初始分配前，首先是确定流域可供国民经济各部门分配的供水总量，并按照以水定地、以水定产、以水定发展的原则，确定全流域的总量控制目标。

按照上文所提出的两步合成法的初始水权配置方法，此层次的配水程序应为：

（1）流域水权监管机构根据各行政区划的人口、面积、耕地面积、工商业产值，核定用户的用水定额，实行定额管理，分配各行各业的确保用水和基本情景用水。

（2）根据全流域的总量控制目标，流域水权监管机构测算扣除上述分配给各行各业的确保用水和基本情景用水后，所剩余的为可拍卖水量。

（3）将剩余水量拆分成若干交易单位，选择时间进行拍卖。

（4）向胜出的竞拍者办理水权许可证，此许可证是水权交易标的的物权凭证。水权通过拍卖方式配置是指新水权通过拍卖方式分配。拍卖前还要确定底价。将过去的拍卖价格和水量及地区交易信息公布于众，保证拍卖成本尽可能最低。

横向分类。第一步是行政配置，以目前流域内各级行政区的水行政主管部门为依托，亦即在现行取水许可制度进行进一步修订（1993 年国务院颁发的《取水许可制度实施办法》已不能完全适应当前水权制度建设的需要）的基础上，在水权初始分配额度下达到流域各地区后，由各地区水行政主管部门根据不同行业、用途提出的用水许可申请，依据国家制定的有关定额与指标对本地区获得的使用权进行二次分配（使用权分配）。即各地方行政区根据其分配到水的使用权和取水许可权总量，按照上述原则在其辖区内进行二次分配。依此类推，由上而下逐级层层分解，进行水权的三次分配、四次分配……最后是直接面对各类用水户，即将水权落实到各类用水户，包括灌区、企业、机关事业单位或农户。根据用户的取水申请和相应的用水定额核算其合理的用水总量，汇总后在本流域用水总量限额内协调平衡，最后确定用水户的配水总量和年度计划。第二步，针对剩余水量进行拍卖。将可拍卖水量拆分成若干交易单位，选择时间进行拍卖。第三步，主拍单位统计拍卖结果，上报流域水权监管机构，统一办理水权许可证。

现以国家级流域为例，纵向分级与横向分类水权配置体系，可用图 4-5 表示。该图最下一级用虚线表示，其含义为目前我国处于干旱或半干旱流域的农村，大多属于经济欠发达地区，无论物质基础还是管理水平，均不具备把初始水权配置到农户的条件。因此，初始水权配置思路是应根据目前客观实际情况，第一步先把水权配置到村一级；一旦条件成熟，再考虑下步把初始水权配置到农户。

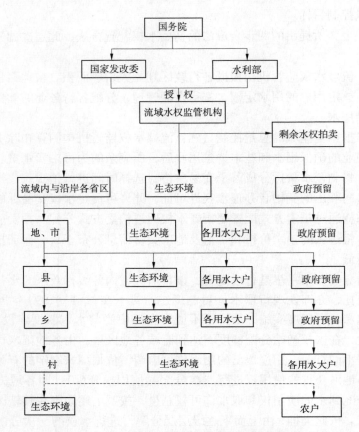

图 4-5　国家级流域纵向分级与横向分类水权配置体系图

在建立流域水权配置体系的基本构架时，应首先考虑在法律上对其中各项权能的责、权、利进行明确定义与规范，并对其管理、配置、使用、经营、交易（或转让）等一系列活动的管理机制、程序、条件予以明确规定，以便使水资源配置法制化，水资源管理科学化，水资源使用合理化。此外，还应当根据供水、用水、排水、治污一体化管理的要求，逐步与排污总量控制、排污许可和污水排放指标控制结合起来，实现水资源供、用、排全过程的协调统一。

此外，还应对未被开发或未被占有的可用的水资源，建立通过拍卖方式配置水权的体系。因为拍卖属市场行为，水权配置方式的改变，其水权配置体系也应按照市场经济规律的要求相应设置机构。

4.4.2.2　流域水资源产权统一分配与统一登记注册管理应采用网络技术

同在一个流域，因所在区域不同，各地区自然条件差异很大，水资源状况差异很大，经济水平、多民族等情况与复杂程度可能也差异很大。虽然流域的水资源产权分配、登记注册，由目前的流域机构负责管理；各地区的水资源产权分配、登记注册，由各地区各级水行政主管部门管理。但管理系统庞大，情况复杂。如果没有一定的技术支持，以流域为单元的水权统一配置与管理很难达到理想的状态。为实现水资源的科学合理统一配置、统一调度，我们必须采用互联网技术对此进行辅助管理。采用网络技术具有可以使流域水权监管委员会及其各级机构及时了解到整个流域的水权管理现状，对水权统一配置、统一调度、水权交易等迅速做出管理决策；可以降低整个流域水权管理的成本等许多优点。

4.5　本章小结

本章主要围绕四个问题展开。

首先是对初始水权配置优先位序确定问题的研究，通过对以用水目的为标准、地域优先、时间优先等几种主要初始水权配置规则及其主要缺陷的分析，通过对习惯用水权制度确定初始水权配置优先位序和我国现行以用水目的为标准确定的初始水权配置优先位序与不足的分析，对我国以用水目的为标准确定的初始水权配置优先位序进行了重新界定，即按照对生活、农业、工业、生态等各类用水级别的界定，进行统一考虑，将初始水权配置优先位序规则界定为：确保用水、基本情景用水、高情景用水。根据正式约束与非正式约束必须相容，确定的初始水权配置优先位序的规则为：当两个以上用水户的用水级别相同，但用水目的不同时，适用以用水目的为标准确定的优先位序；当两个以上用水户的用水级别和用水目的均相同时，适用时间优先或地域优先等非正式约束优于无习惯用水权的用水户；当两个以上用水户的用水级别与用水目的均相同，并且均适用时间优先、地域优先等非正式约束时，适用先占用原则优于地域优先原则；当两个以上用水户的用水级别、用水目的、适用的非正式约束均相同时，可适用特殊规则。

其次是初始水权配置模式的选择问题，也就是在初始水权配置中采取行政配置和市场配置的选择问题。初始水权分配的原则，应该是效率原则，还是公平原则，或是公平兼顾效率原则？本书认为，初始水权配置应该坚持公平兼顾效率的原则。初始水权配置既要解决公平目标、环境目标问题，又要解决效率目标问题。因此，初始水权配置机制应是行政配置机制和市场机制的结合。

再次，为解决初始水权配置中要实现的公平、环境和效率等三大目标，作者在本章中提出两步合成法，以实现三大目标的兼顾。从本章可以看到，配置的过程是，首先配水权威机构向每个申请人分配确保用水，在居民生活等确保用水得到保证后，向申请人分配基本情景用水，这解决的是公平问题，即保证每个申请人都可以获得生命保障用水与基本生存的发展用水。然后将剩余水权对高情景用水户进行拍卖。通过拍卖机制的设计，使得不同类型的申请人通过报价显示出其真实需水量。最后的配置结果是在一定的保证率下，高情景用水户通过付费，获得超过基本情景用水量的额外水资源使用权。高情景用水户获得较多水资源，解决了效率问题。这样，两步合成法既实现了公平和环境目标，也实现了效率目标。

最后，初始水权配置需要合适的流域水权管理模式与水权配置体系的支持，本章在第 4 节阐述了流域初始水权应实行统一配置、水量统一调度的管理模式，应按照流域管理与行政区域管理相结合、统一配置和统一调度与分级管理相结合的原则进行；阐述了流域水权配置体系建设的基本思路为：纵向分级、横向分类；阐述了流域水资源产权统一分配与统一登记注册管理，应采用互联网技术。

本章的创新点为：对我国以用水目的为标准确定的初始水权配置优先位序予以重新界定，并初步确定了流域初始水权配置优先位序的规则；为了实现水权初始配置过程中公平、环境与效率，提出了采用两步合成法的初始水权配置方案；并提出了流域水权配置体系建设的基本思路为：纵向分级、横向分类。

第5章　流域水权交易

5.1　流域水权交易与流域水市场

　　水权交易必须建立以流域为单元的正规的水权交易市场，在水市场的设立、交易方式、交易规则、运作模式等方面，均应以流域为单元进行研究。由于要涉及较多的政治、社会以及不同流域水资源系统及其规律等问题，跨流域的水权交易市场应该在流域水权交易市场成熟后再作考虑。因此，本章仅以流域为单元构建水权交易市场，并参照目前相对比较成熟的证券股票市场的交易技术，构建类似证券交易体系的流域水权交易体系，利用互联网或通讯提供的信息，通过现场、电话、互联网等形式进行委托交易后，在水权交易所进行交割。流域水权交易市场分为一级市场和二级市场：一级水市场即初始水权配置市场。把初始水权配置称为"市场"，是因为在采取两步合成法配置初始水权时，第二步水权拍卖具有市场的一些基本特征；二级水市场即本章探讨的流域水权交易市场，是流域内的用水户进行水权交易的场所，也是对一级水市场所进行的初始水权分配进行再次优化配置的场所。

　　除了正规的水权交易市场之外，在构建流域水权交易市场时，也应适当采用非正式水市场的形式，对正式水市场进行有效的补充。

5.1.1　流域水权交易市场的主体与客体

5.1.1.1　流域水权交易市场的主体

　　流域水权交易市场的主体包括：经营者、交易双方、政府（流域水权监管机构）、流域水银行以及中介机构等。

　　（1）经营者——水权交易所和水权公司。水权交易所和水权公司接受流域管理机构的委托，具有水权的经营权，是流域水权的经营者。在流域水权交易体系下，经营者的主要职责是组织和实施水权交易的顺利进行、对水权交易项目的可行性进行初次审批、监督水权交易项目的结果等。流域正规水权交易由流域水权交易所和水权公司进行经营；非正规水权交易可以由水权经营者授权的中介机构进行经营。水权交易所和水权公司在接受流域管理机构的委托时，形成了一种委托－代理关系，为了减少道德风险和逆向选择问题，除了制定约束水权交易所和水权公司的规章制度之外，还需要引入内、外部监督机制。

（2）交易双方——用水户。交易双方是流域水权的直接供给者和需求者。在流域水权交易市场上，存在两种基本类型的交易者：一种是拥有多余水权的供给者；另一种是水权的需求者；两者均为法律意义下的具有独立民事责任的自然人或法人。交易双方的水权交易，基于水资源在不同用水户之间的稀缺性差异，通过水权交易，水资源配置到了用水效率较高的需求者手里，提高了水资源的使用效率。

（3）政府。在流域水权市场里，政府不直接参与水权的现场交易，是间接的参与主体。政府（流域水权监管机构）的主要作用是：对流域水权交易所进行监督和管理；依据国家流域水资源规划、水资源与环境论证报告，对流域水权交易进行宏观调控；对交易双方是否许可交易进行最终审批；协调同一流域、不同地区之间各利益主体的水权需求的矛盾。

（4）流域水银行。这里所说的流域水银行，是指以流域为单元设立的水银行。流域水银行是流域水权交易市场中一个非常重要的主体。水银行的交易方式主要有两种形式：一是像我国目前的银行形式，流域内的用水户将自己暂时不用的水存入水银行，水银行要对用户收取一定的保管费，水权买卖以及价格均由用户自己决定；二是像国际上的外汇市场，银行不收取任何费用，但买卖双方成交的价格存在一个价差，即水银行以低价买进高价卖出，买卖中间永远有个差价，这个差价归水银行获得。

5.1.1.2 流域水权交易市场的客体

水权交易市场交易的对象不仅包括水权，而且还应该包括排污权。从各国的实践来看，排污权往往没有建立独立的交易市场体系，往往借助于其他交易场所，如美国的排污权交易是通过期货市场完成的。我国在构建流域水权交易市场中，可以考虑在水权交易系统中设置排污权的交易功能，将水权交易和排污权交易两个系统绑定在一起。另外，仅就作为交易客体的水权而言，还存在一些要明确的问题。

首先，水权交易受地域影响较大。水资源具有独特的地域特性，每个流域的水资源构成一个完整的水系。这种特性，客观上要求对流域水资源统一调度使用，因此在进行水权交易时，需要考虑地域对水权交易的影响。本书所讨论的水权交易市场是以流域为单元的水权交易市场，其交易范围限定在一个流域内，既给理论分析带来了极大的便利，又具有较为现实的经济、社会意义。

其次，待交易的水权存在着差异性。主要表现为：水质的差异、地下水和地表水的差异、来源地的差异等。不同水质的水权进行交易时，可以按照质量标准，分别定价交易。由于地下水体仅仅局限在流域内的某个区域范围内，因此地下水的交易应局限于本地区的用水户，并且对于地下水超采已形成漏斗的地区，只准进行地表水对地下水进行回灌方面的交易；反之，进行限制或绝对不允许交易。对于地表水交易，本章后面部分将证明，在考虑退水的情况下，下游地区将取水权出售给上游地区，将减少河流水量，产生外部效应。为了防止这种外部效应，对于相同地区或者上游地区出售水权给下游地区的情况可以允许自由交易，但是对下游地区出售给上游地区则必须加以规范，本书建议采用比率定价的方法。这样，来自不同地区地表水也应该分别定价交易，并且根据购买者和出售者的相对距离对交易数量、价格进行调整。对于临时的、零星的网上交易，均以公开报价的方式进行买卖。如网上交易采用比率定价可在计算机软件开发过程中，加上这项功能。

5.1.2　场内/场外流域水权交易市场模式

5.1.2.1　场内流域水权交易市场模式

水权有两种基本的市场交易模式：一种是流域水权交易所的集中买卖，称为场内交易，或称为在流域交易所交易；另一种是存在于水权交易所之外的零星的通过非正式市场进行的水权买卖，称为场外交易。场内交易和场外交易是互补关系，在水权交易市场的建设过程中，对两者都应持鼓励态度。

1）场内流域水权交易市场的特点

场内水权交易采取流域水权交易所的形式。流域水权交易所是制定水权交易所的业务规则、提供水权交易的场所和设施、组织和监督水权交易、管理和公布市场信息的一个不以盈利为目的的法人单位，是水权交易市场的中心。流域水权交易所采取会员制的形式，吸纳经流域水权监管机构批准的水权交易有限责任公司（简称为水权公司）为会员，组成自律性的会员制组织；水权公司在各省（市、县、乡镇）下设营业部，作为各交易者（用水户）买卖水权的代理人，进行水权买卖；交易者必须到营业部开立资金账户和办理指定交易（水权交易者必须是注册会员，必须首先到流域水权监管机构进行注册登记，取得交易资格后，才能到营业部开立资金账户和办理指定交易）。凡是在水权公司交易的为场内交易，它有以下特点：

（1）具有集中、固定的交易场所和严格的交易时间，水权交易以公开的方式进行，有利于扩大交易规模、降低交易成本、促进市场竞争、**提高交易效率**；

（2）交易者为流域内的用水户，一般自然人不能直接在水权交易所交易；

（3）水权交易所具有严密的组织、严格的管理，须定期真实地通报整个流域以及流域内各区域的水权情况，水权的成交价格是通过公开竞价决定的，交易的行情向公众及时传播。

2）场内流域水权交易市场的治理结构与会员制形式

（1）流域水权交易所的治理结构。

流域水权交易所采用公司制形式，是能够独立承担民事责任的法人组织。流域水权监管机构与水权交易所之间存在着委托－代理关系，为维护自身利益的最大化，水权交易所有时会隐藏信息和行为，采取有利于自己的行为。为了使水权交易所采取流域水权监管机构期望的行为，需要对水权交易所的行为进行规范设计并使之制度化。

流域水权交易所的最高决策权归会员大会，会员大会代表由会员和用水户选举产生，会员大会下设理事会，理事会下设总经理室。其优点是具有严密的组织、规范的章程和严格的管理，因而能为交易者提供优质的服务。由于其自身不参与水权交易，在水权交易中处于中立地位，因而能保障市场的公平和公正。

（2）流域水权交易所的会员制形式。

流域水权交易所的会员，是经中国水权监管机构或流域水权监管机构批准设立，具有法人资格，依法可从事水权交易及相关业务，并取得流域水权交易所会籍的水权公司。会员制流域水权交易所以吸纳水权公司的形式组成，并实行会员自治、自律、自我管理，即会员单位共同制定交易规则，并依照这些规则对水权交易实施管理。

采取会员制的优点主要有：交易费用低，有利于吸引用水户参与、扩大交易规模、提高效率；会员制采用自律自治的方式，会员的责任感强，能够自觉地约束自己的交易行为；会员制还有利于对会员单位交易活动的监管。笔者认为，我国的流域水权交易市场宜采用会员制，因为在会员制下，交易双方所需支付的交易费用低，从而促进水权交易，提高用水效率。

3）流域水权交易所的设立

流域水权交易所设立的一般程序为：预设机构先向流域水权监管机构提出设立水权交易所的申请；流域水权监管机构对其资格进行审查；如符合设立水权交易所的条件，流域水权监管机构批准后，上报水利部批准备案；水权交易所的设立，由流域水权监管机构对其业务进行管理与监督。流域水交易所的最高权利机构是会员大会，理事会是执行机构，理事会聘请经理人员负责日常事务。流域水权交易的注册资本可以由水利部和各流域水权监管机构共同出资，在条件成熟的情况下，也可以引入非国有资本成分，但国有资本须保持对水权交易所的绝对控股权。

流域水权交易所本身不参加交易，不作为交易的任何一方出现，只是为水权交易提供公开拍卖的场所和设备，其目的是保障水权交易公正合理的价格和有条不紊的秩序，以及促使水权迅速、畅顺地流通。流域水权交易所不制定水权交易价格，而是通过为水权买卖双方提供公平竞价的环境以形成公平合理的价格。换言之，在流域水权交易所内，卖方间进行最高价的拍卖，而买方间进行最低价的竞拍，而卖方的最高价和买方的最低价共同决定实际交易价格。为达到上述目的，流域水权交易所主要开办如下业务：①提供买卖水权的交易席位和有关交易设施；②制定有关场内买卖水权的交易、清算、过户等各项规则；③管理交易所会员，执行场内交易的各项规则，并做出相应的处理等；④编制和公布有关水权交易的信息等资料。

4）网上水权交易技术系统

网上水权交易技术系统是指用水户利用互联网络资源，获取水权信息、即时报价、分析市场行情，并通过互联网委托下单，实现实时交易。互联网的日益普及、互联网用户的几何式增长，为网上水权交易提供了可能性，互联网交易是流域水权交易方式构建过程中不可忽视的一个领域。流域水权交易所应采用网上水权交易平台的技术手段，建立以流域为单元的、以互联网为交易技术基础的水权交易网络。

流域水权交易应及时向所有用水户公布水权交易信息，用水户通过网上水权交易技术系统查看相关信息并进行选择交易。临时性的水权交易，可通过网上水权交易技术系统，直接通过申报价格的形式买卖水权；长期或永久性的水权交易或转让，应根据其他人在网上水权交易技术系统公布的信息进行联系，在达成交易意向后，要将数量、价格等交易条款按照特定的格式，买卖双方共同申请上报流域水权交易所，水权交易所再报给流域水权监管机构，经详细论证并获核准后，双方的买卖合同随即生效。为了保证网上公布信息的可信性、防止成交后不交割等不诚信事件的发生，水权交易平台应要求只有注册会员才能登陆发布信息、公布要约，并对会员的注册信息进行严格审核，保证注册信息的真实性。

网上水权交易具有以下优势：

（1）提高了市场运行效率，降低了水权交易成本。网上水权交易市场的建立，将减少传统市场交易的中间环节，从而简化原有的操作流程，减少各种费用；降低信息交换成本，提高市场监管效率；降低了市场运行的社会成本。

（2）网上水权交易打破了时空限制，扩大了服务客户的区域和水市场的覆盖面。

（3）克服市场信息不充分的缺点，提高资源配置效率，提供快速方便的信息服务。

5.1.2.2　场外流域水权交易市场模式

1）场外流域水权交易市场的概念和特点

场外流域水权交易市场也可称为水权柜台交易市场或水权店头交易市场，是水权交易所外由水权买卖双方当面议价成交的市场。同场内交易不同，场外水权交易没有固定的场所，其交易主要通过电话、传真等，在互联网较为普及的今天，也可以通过网络进行交易。在场外交易中，水权的行情不像场内交易那样以第一时点的实际成交价格表示，而是以水银行提交的买进价格与卖出价格表示，买卖价格之差即为水银行的利润。在场外市场中，水银行兼具水权交易自营商和代理商的双重身份：作为自营商，水银行可以买入其他用水户的水权，或出售自己持有的水权，从买进卖出中赚取差价；作为代理商，水银行又可以以客户代理人的身份，按照客户的指示同其他用水户交易。

场外水权交易市场是场内流域水权交易市场的有益补充，相对于后者而言，前者具有以下几方面特点：

（1）灵活的交易地点和交易时间。场外水权交易市场没有集中的交易场所，是一种分散的、无形的市场，它通过电话、传真、网络等先进的通信工具将交易的主体联系起来。另外，由于不像水权交易所那样要有固定的交易日、固定的开盘和收盘时间，场外交易的时间也较为灵活。

（2）灵活的交易数量。场外交易市场的交易单位是灵活的，可以采用水权交易所规定的交易单位，也可以是零星交易。

（3）较低的交易费用。在买卖双方直接交易中，无需支付佣金，节省了交易成本。

（4）流域水银行是场外水权交易的核心。用水户可以委托水银行进行交易，也可以直接同水银行进行交易，交易方式较为灵活。

（5）根据水银行提出的买入价或卖出价确定场外水权交易的成交价格。除此之外，也存在用水户同水银行之间，根据具体成交数量和其他交易条件，经过协商确定的最终成交价格。但是总的来说，场外交易一般不采用公开竞价的方式决定交易价格。

2）现代电子技术在场外流域水权交易中的使用

由于场外交易是分散的、无形的，若采用传统的交易方式，则场外交易无论如何也不可能像交易所交易那样透明，难以形成有效监管。这样，就难免会出现水银行扩大买入与卖出之间的差价，从中牟取更高利润的现象。而这种情况的产生，会加大水权交易费用，挫伤用水户交易的积极性，有悖于水市场建立的初衷。

如何规范场外交易，是场外流域水权交易需要解决的一个关键问题。美国纳斯达克（NASDAQ）市场的成功经验给予我们水市场建设的启示是，利用现代最新的电子计算机技术和通信技术，采用高效的电子交易系统，在流域内连接各参与者，并使其在计算机屏幕化的无形市场上进行交易。与水权交易所相比，其服务时间更长。其具体运作方式包括行情查询、委托及交易、结算、市场监控等。现代电子技术改变了分散交易难以管理的局面，利用电子监控系统对市场交易进行实时监督，可有效地降低水权市场的风险。

5.1.3 临时水权交易规则

临时水权交易市场的根本职能在于将买卖双方的交易委托及时汇总并顺利成交，同时向用水户提供准确的信息。为完成这些功能，就需要在价格形成、成交方式、保证金模式等方面形成一定的制度安排，这些制度安排就是临时水权交易规则。

5.1.3.1 临时水权交易价格形成制度

不同的交易制度有不同的价格形成制度，采用不同交易制度的市场会有不同的交易成本、信息透明度、市场流动性、稳定性，以及信息传递效率，从而导致不同的资源配置效率[143]。借鉴相对较为成熟的证券交易制度，本节为临时水权交易价格形成制度引入了两种交易制度：做市商制度和竞价制度（拍卖制度）。

胡雅梅和万众[143]比较了证券市场上做市商制度和拍卖制度下的价格形成过程。做市商制度的价格传导机制为：做市商报出买卖价格（双向报价），确定价差——→投资者根据做市商报价确定决定具体的投资策略（也即决定是否交易、交易的速度、数量、频率等）——→投资者的行为影响做市商的头寸及利润水平——→做市商根据面临的实际情况调整报价进入下一轮循环。根据成交连续性的不同，竞价制度可分为集中竞价制度和连续竞价制度，这两种竞价制度具有不同的价格形成过程。集中竞价交易制度中，交易者在规定时间内提交的指令被保留在交易系统内，直到约定时间、依据成交价格计算公式计算出成交价格，按统一价格成交。连续竞价在买卖双方之间直接展开竞争，但交易者并不直接参与交易过程，须委托经纪人和水权交易商代理水权买卖，这些专业参与者按委托人规定的条件在交易所内直接竞争，并以尽可能有利的价格进行交易。连续竞价价格形成过程如下：新指令进入交易系统后，会与系统中原有的指令发生价格交叉，这时一般采用对手价原则确定成交价格，即新指令如果为买入，且高于最低卖出价时，指令成交，价格为最低卖出价；反之，新指令为卖出，且低于最高买入价时，指令以最高买入价成交。如果没有价格交叉，则新指令按照"价格优先、相同价格下时间优先"的原则进入原有的指令序列。

从理论上来说，证券市场上的做市商制度和竞价制度均可以移植到临时水权交易市场，但在实际运用中，需要具体分析这两种制度的不同特点，同时还需要结合不同的市场特点、现状及发展目标而定。

表 5-1 给出了梁文（2004）[144]、胡雅梅和万众[143]对这两种制度的比较结果。从功能来看，做市商制度具有比竞价制度更为完善的功能，除具备定价的功能外，还具有矫正水权的错误定价、保障水权交易的规范和效率、提高市场效率、活跃市场、稳定市场等功能。但从流动性、狭义透明度、信息有效性、稳定性以及交易成本等方面进行比较，每种交易制度都有自己的相对优势和相对劣势，难以从直观上进行判断，需要对临时水权交易进行目标设计，即应该考虑项目选择的优先次序。胡雅梅和万众[143]认为，制度设计目标有 4 个，即流动性、有效性、稳定性以及透明度，将有效性、稳定性以及透明度作为设计目标是不合适的，相比之下，流动性应当成为制度设计的关键目标。

同时，这 4 个目标是相互联系的，相互之间存在内在的逻辑关系。流动性与稳定性具有基本统一的关系，一般而言，流动性高的市场也会有较高的稳定性。而流动性和交易成本的关系，在不同的交易制度下不同，交易成本的降低，在竞价制度下可能会增加市场的流动性，但在做市商制度下可能会降低市场的流动性。流动性与信息有效性也存在重要关系，流动性越高的市场，其信息越能尽快地融入价格中。流动性与透明度之间有时也具有正向关系，流动性高的市场，市场参与者收集信息的积极性也相对较高，会增加信息的透明度。

从以上分析可以看到，在为我国临时水权交易选择价格形成制度时，做市商制度似乎更为理想，其主要原因在于：

表 5-1　做市商制度和竞价制度比较

项目	做市商制度	竞价制度
特征[a,b]	报价驱动型	指令驱动型
功能[a]	除具备定价的功能外，还具有矫正水权的错误定价、保障水权交易的规范和效率、提高市场效率、活跃市场、稳定市场等功能	具备定价的功能
流动性[a,b]	较高	较低
狭义透明度[b]	较低	较高
信息有效性[a,b]	较低	较高
稳定性	有积极的稳定市场作用[a] 存在价格维护机制，正常情况下稳定性稍高[b]	稳定性相对较差[a] 不存在价格维护机制，剧烈波动情况下稳定性稍高[b]
交易成本[a,b]	较高	较低

注：表中上标 a 代表梁文（2004）的比较结果，上标 b 代表胡雅梅和万众（2002）的比较结果。

（1）做市商制度具有较高的流动性。流动性是水权交易赖以生存的生命线，一个缺乏流动性的水权交易市场会逐步走向消亡。也就是说，市场中一定要保持相当的交易量，否则，市场就难以为继。但是，迄今为止，我国对于水权交易的合法性还没有定论，人们水权交易的意识淡薄。水市场建立起来后，人们的交易意识跟不上，不会积极参与水权交易，无法保证水权交易市场的流动性。如果采用做市商制度，通过水银行的"做市"，能够更好地增加用水户对水权交易市场的了解，增加水权交易市场对用水户的吸引力，激发用水户参与水权交易的热情，保证新建水市场的流动性。

（2）做市商制度可提高用水效率。成立流域水权交易市场的最根本原因是为了提高水资源的利用效率，用水效率提高的前提是水权交易市场的流动性保证。在流域水权交易市场成立初期，可以利用做市商制度较高的市场流动性特性，保证流域水权交易市场的水权交易量，从而使用水效率得到改进。做市商制度下，流域水银行的报价受流域水权监管机构的约束，报价有持续性，差价幅度限制在一定范围内，并且水银行的自营业务也可以在一定程度上减少价格的波动幅度，有利于用水户形成稳定的预期，安排生产、生活的蓄水量，提高用水效率。

但是,任何一种交易制度要很好地发挥作用,都必须有适宜的市场环境。做市商制度在我国水权交易市场是否具有可行性,是必须面对的一个现实问题。就我国目前的实际看,引入做市商制度还存在很多障碍:首先,在我国,做市商制度还处于摸索阶段,无论在理论还是实践方面都远不成熟,对于做市商的法律管理基本上还是一片空白。在这种情况下,盲目地在水权交易市场中引入,难以取得预期的效果。其次,做市商制度发挥功能的一个主要条件是在水银行间存在着有效竞争,有效竞争的基本要求就是大量规模相当的竞争主体的存在。目前,我国水银行建设问题还停留在理论探索阶段,并没有付诸于行动,短时间内根本谈不上一个有效竞争的水银行市场。因此,作者认为,在场内交易中还是应该选用比较成熟的竞价制度,在场外交易中试行做市商制度。对于场外交易,一来交易频率较低,更适合实施做市商制度;二来作为水权交易市场中做市商制度的探索试点,使做市商制度在实践中不断得到改进和修正,在适当时机进行全面推广。

5.1.3.2　临时水权交易的成交方式

水权交易市场中,成交方式可以在间断性市场制度和连续性市场制度之间选择。做市商制度下,成交方式一般均采用连续性市场制度,即在交易日内,水银行按照其报价连续不间断地进行交易。在竞价制度下,交易方式可以是连续性的,也可以是间断性的。若采取间断性市场制度,则水权交易所收到交易委托后,并不是马上撮合,而是将不同时间收到的委托累积起来,到了一定时刻集中交易。若实行连续性市场制度,则交易所在收到委托后,即时将委托信息输入交易系统,交易系统按照"价格优先、时间优先"的原则进行撮合。之所以会出现间断性市场制度,是因为在流域水权交易所交易中,连续性报价所需花费的人力、物力更多,对于一些交易量较小的商品而言,交易的佣金收入难以维持这种制度。

我国水市场建立的初期,必然会出现交易较为清淡的局面,但是这并不意味着必须实行间断性市场制度。首先,随着流域水权交易所交易电子化的不断发展,间断性市场制度的成本优势逐渐降低。其次,随着水权交易不断为人们所熟知和接受,市场交易量将不断扩大,连续性交易制度可以说是必然的趋势。所以,在成交方式构建的开始即可前瞻性地采用连续性市场交易。为了降低成本,可减少交易日,水权交易所可以每周选取1天或2天作为交易日,以后随着交易量的增加再作调整。

5.1.3.3　保证金制度

保证金是水权交易的一项重要制度安排,它决定了水权交易者在达成交易后是否要立即进行水权的交割和资金清算。建立保证金制度的目的在于利用保证金制度的"杠杆"作用，充分发挥水权交易的市场功能，同时它也是一种惩罚措施，保证成交水权的顺利交割等。保证金数额应以水权交易成交额的一定百分比进行确定。例如一宗水权交易的成交金额为 100 万元，保证金比例为 10%，那么水权交易双方各需交纳 10 万元的保证金。当然，保证金制度也有不小的负面影响：在相应配套制度不完善的情况下，会造成投机的风行，形成"虚假的繁荣"，是水权交易市场产生高风险的根本原因之一。为了减少保证金制度的负面影响，尽可能地发挥其在交易中的积极作用，还需从制度上进行规范。

在流域临时水权交易框架下，水权交易双方都须向水权交易所交纳一定数额的初始保证金，其数额由水权交易所根据交易当日可能发生的最大损失原则进行测算。当水权交易发生时，可以根据成交金额确定所需保证金数额，如果所需保证金金额大于初始保证金，交易者应在下一个交易日补上差额部分；如果水权交易者不愿意或者没有能力支付这个差额，则由其委托的水权公司代为支付；如果水权公司也不愿意或者没有能力支付这个差额，则由水权交易所责成相关部门对水权公司和交易者进行清算，补偿由于违约而造成的交易损失。由此可见，通过这样的制度设计，可以有效避免保证金制度的投机缺陷，成为流域临时水权交易的一项重要制度安排。

5.1.4　流域水权交易市场运作

5.1.4.1　场内临时水权交易的运作

场内临时水权交易的运作包括水权交易者向水权公司递交委托、交易所竞价、清算、过户等一系列活动。

1）委托

交易双方在交纳一定数额的初始保证金后，再委托水权公司进行水权的交易，由水权公司呈交到水市场进行交易。水权交易的委托方式主要有：

（1）市价委托。市价委托只指定所需买卖的水权数量，而不给出具体的交易价格，但要求按该委托进入交易撮合系统时以市场上最好的价格成交。相对于其他类别的委托报价方式而言，市价消除了因价格限制不能成交时所产生的损失。对于季节性需水的水资源购买者而言，只要水权价格在正常的波动范围内，此类购买者可以选择市价委托。

（2）限价委托。客户向水权公司发出买卖水权的指令时，不仅给出买卖的数量，而且对买卖的价格作出限定，即在买入水权时，只允许水权公司按其规定的最高价或低于最高价成交；在卖出水权时，只允许水权公司按其规定的最低价或高于最低价成交。限价委托的一个最大特点是，水权交易者可以事先测算出用水收益。卖者将限价定在此收益之上，如不能成交就自己使用或继续寻找下次交易机会；买者将限价定在此收益之下，如不能成交当期就不购买，寻找下次交易机会。限价委托可以避免成本大于收益的问题，保证水权交易者的机会成本最小化，但同时也会使成交几率下降。

2）临时水权交易中的竞价

在汇总所有交易委托的基础之上，市场的交易中心以买卖双向价格为基准，按照"价格优先、时间优先"的原则实行撮合交易，所有的交易都由系统自动撮合。大部分交易委托都由设置在交易大厅的系统终端输入完成，交易所会员也可以利用办公室的终端输入委托。另外，考虑到可能会出现委托价格和委托时间均一致的情况，还应该补充"数量优先"这一原则。这里的数量优先是指委托量较小的水权交易者可以获得优先交易的权利，其目的在于保护规模较小用水户的利益。

5.1.4.2　场外临时水权交易的运作

这里只考虑场外交易的最主要形式，即流域水银行根据掌握信息的制定并公布买入和卖出价格，水权交易者按照价格与之进行交易的场外交易。这样，场外水权交易市场的运作就建立在流域水银行设立的基础上。

在场外交易中，由于储水设施需要耗费大量成本，一般用水户难以承担，所以水权转让一般均要经过水银行才能实现，这样就形成了水银行对场外临时水权交易的自然垄断现象。通过对场外临时水权交易的垄断，水银行可以压低买入价格、抬高卖出价格，获得超额垄断利润。卖出价格的上升，会使水权交易量下降，部分水权不能从低效率用户转移到高效率用户手中，降低了水权交易的配置效率。

为了尽可能避免水权交易的低效率，需要对水银行的运作进行规范。首先需要对水银行进行定位，本书认为水银行应该是一个企业性质的水权交易部门，其控制权在流域水权监管机构。若将水银行定位为行政机构，行政色彩将加大垄断程度，从而进一步降低水资源的配置效率。政府行为往往伴随着管理僵化，并普遍存在着寻租活动，导致水资源配置效率低下。1991年，美国加州历经5年干旱之后，在州政府的主持下设立加州水银行，在干旱期由水银行介入水市场，通过从休耕农地购买灌溉水、抽取地下水、从水库引用剩余水等途径，并由水银行制定一个高于买价的售价，将水售予需水者。但是，政府的管理使价格僵化，加州水银行的市场活动缺乏市场机制，水银行连年亏损，至2001年难以为继，彻底退出。在我国严重缺水的情况下，水权配置应将这种情况拒之门外。

另外，还需要对水银行索取的价格差进行限制，把买入、卖出价格差限制在一个合理的范围内。价差合理范围的确定，既要保证水银行获得正常的经济利润，使其不至于因亏损而退出水权交易市场，又要限制水银行获得超额利润，影响水权交易效率。

5.2　临时水权交易下的竞价价格的形成

经过前文的分析，可以得出如下结论：在我国流域水市场的水权价格形成制度选择问题上，场内临时交易应实行竞价制度，而场外交易更适合选用做市商制度。本节将对竞价制度下水权价格形成制度的具体运作进行剖析。

竞价交易是指临时水权买卖双方的订单由水权公司呈交到水权交易市场，在市场的交易中心以买卖价格为基准按照一定的原则进行撮合。只要根据订单匹配规则，存在两个相匹配的订单，交易就会发生。竞价交易有集中竞价交易和连续竞价交易两种类型，我国水权交易所应该选用哪一种竞价交易呢？解决这一问题的依据仍然是交易量的大小。在我国流域水权交易所成立的初始阶段，由于用水户对水权交易了解不够、交易效率不高等原因，该时期的交易量很难满足连续交易的要求，使用集中竞价交易是合适的，因此此处将只讨论集中竞价交易问题。

5.2.1　集中竞价市场的效率

在集中竞价的情况下，市场机制能否实现帕累托均衡？也就是说，如果水权市场放弃使用连续竞价，交易者的利益是否会受到损害？本节以 Madhavan 和 Ananth （1992）所建立的模型对此问题进行分析[145]。

假设水权交易市场中存在着两种类型的交易者，一类是获得充分信息交易者 I （informed traders），此类交易者能够完全把握水权的实际价值；另一类是流动性交易者 L （liquidity traders），此类交易者不充分了解有关所交易水权价值的信息，他们根据水权市场价格变动而不是水权内在价值进行水权交易。市场只有两期，单位水权的价格为 V^*，它在第二期的出售价格为 V。交易者的效用函数为 $U = e^{-\rho W}$，其中，ρ 为交易者的风险规避系数，W 为以货币表示的交易者持有的资产总和，包括现金和水权，且 $W = CA - PQ + (A + Q)V$（其中，CA 是投资者的初始现金持有量；Q 是交易者的交易量，Q 为正值表示买入水权，反之表示卖出水权；P 表示 Q 的交易价格）。

设 Φ_i 为第 i 个投资者在 t_τ 期的信息集，$W_{1\tau}$ 根据 Φ_i 呈正态分布，则预

期效用最大化为：

$$\max\left[E(W_{1i} \mid \Phi_i) - (\frac{\rho}{2})\mathrm{var}(W_{1i} \mid \Phi_i) \right] \tag{5-1}$$

设在第一期，水权资产服从均值 μ 和确定性 τ 的正态分布，τ 是公共信息。交易者对 V 的预期值为 Y_I^*，还受到白噪声 e_i^* 的影响，即 $Y_I^* = V + e_i^*$，e_i^* 服从均值为 0、确定性为 θ 的正态分布。流动性提供者是风险中性的，只拥有公共信息，信息量随订单流量的增加而增加，因此各流动性提供者拥有的公共信息是不均衡的，用 $\gamma = \dfrac{(\theta + \tau)\theta}{\tau}$ 来衡量这种不均衡性，即随着 θ 的扩大、τ 的减少，信息分布更加不均衡。

设流动性交易者和完全信息交易者的数量分别为 M 和 N，完全信息交易者的需求函数为 Q_i（$i = 1, 2, \cdots, N$），流动性交易者的需求函数为 D_j（$j = 1, 2, \cdots, M$）。竞价机制实际上就是博弈 $\Gamma = (\{Q_i\}_1^N, \{D_j\}_1^M)$，博弈的均衡价格下，应满足以下几个条件：

（1）市场出清，即 $\sum Q_i + \sum D_j = 0$。

（2）符合纳什均衡的定义，即当均衡价格和其他参与者的策略一定的情况下，参与者的策略最大化预期效用，即

$$Q_i(P^*, Y_i, W_i) \in \max E_i\{u(W_{1i}^* \mid P^*, (Q^{-i}, D))\} \tag{5-2}$$

$$D_j(P^*, Y_j, W_j) \in \max \sum_j \left[(V^* - P)D_j(P) \mid P^*, (Q, D^{-i}) \right] \tag{5-3}$$

在集中竞价市场，公共信息 $\tau \to 0$，信息不均衡程度趋于无穷大，流动性提供者得不到正值的预期利润，流动性提供者将退出交易，即 $M = 0$。此时，集中竞价均衡存在的条件是 $\theta < (\dfrac{N-2}{N})[\dfrac{\rho^2}{\varphi}]$，且 $N \geqslant 2$[146]，均衡的价格为

$$P^* = \frac{1}{N}\sum_{i=1}^{N}\left[Y_i - (\frac{\rho}{\theta})X_i \right] \tag{5-4}$$

该均衡价格同瓦尔拉斯市场的均衡价格是一致的，是帕累托最优价格。在该价格下，从交易中所能获取的收益均已取净，但在该价格下市场无法完全出清，即交易量低于瓦尔拉斯市场的交易量。从水权市场来看，同连续竞价相比，集中竞价降低了交易量，但是，由于在参与人较少的情况下，大幅降低了交易所的维护成本和交易成本，有利于鼓励更多的用水户进入交易所进行交易。因此，权衡利弊，可以认为在水权交易所建立的初始阶段，采取

集中竞价的方式是最优的。

5.2.2 集中竞价的具体操作

在实际操作过程中，利用集中竞价方式确定水权价格可以采用标准四原则的方法，这四个原则分别为：

（1）成交量最大化原则，即在确立的价格下，所产生的成交量是最大的。

（2）最小剩余原则，即在所确定的价格下，未能成交的数量是最小的。

（3）市场压力原则，即所确定的价格对集中竞价结束后的市场压力最小。

（4）参考价格原则，即在多个备选集中竞价价格中，选择离参考价格最近的一个价格。参考价格通常是市场中的上一笔交易价格。当天有成交，参考价格取当天的最近执行的交易价格。如果当天没有成交，则参考价格取前一个交易日的收盘价。

上述四原则的使用顺序是：如果根据原则（1）产生出的价格只有一个，则该价格就是集中竞价所确定的价格；如果根据原则（1）产生出的价格不止一个，则根据原则（2）对所产生出的价格进行第二次筛选；如果根据原则（2）产生出的价格只有一个，则该价格就是集中竞价所确定的价格；如果根据原则（2）产生出的价格不止一个，则根据原则（3）对所产生出的备选价格进行第三次筛选；在原则（3）的使用中，如果市场压力在买方，则取根据原则（2）确定的多个备选价格中的最高价为集中竞价价格；如果市场压力在卖方，则取根据原则（2）确定的多个备选价格中的最低价为集中竞价价格；如果市场压力既在买方，也在卖方，即正的和负的市场压力同时存在，则继续使用原则（4）对备选集中竞价价格进行第四次筛选。

5.3 政府宏观管理在流域水市场中的调控

5.3.1 宏观管理目标

政府在流域水市场上进行宏观调控的目标主要有三点：稳定水权价格、维护公平竞争的市场秩序、解决水权交易可能产生的外部性问题。

5.3.1.1 稳定水权价格

水权交易的显著特点是水资源的供给有很明显的季节性。以黄河流域为例，黄河水资源在年度内供给具有较大的波动，呈现明显的季节性。例如，根据黄河的有关资料得到图 5-1 [5]，可以看出黄河流域水资源供给的季节性。由于供给和需求都会出现较大波动，水权市场中水权价格不稳定将成为必然。只有在相对稳定的价格下，用水户方能形成稳定的预期和合理的用水安排，提高用水效率。因此，维持水权交易价格的相对稳定，是政府宏观管理的一个重要目标。

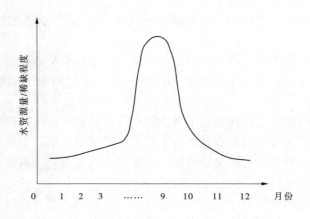

图 5-1　黄河流域水资源年度供给波动示意

5.3.1.2　维护公平竞争的市场秩序

这一目标包含两方面任务，其一是对市场中垄断的管制。在场外交易市场中，水银行往往可以利用水库等设施形成自然垄断。在任何市场上，垄断都是市场效率的破坏者，水权交易市场也不例外。在水银行的自营业务中，利用购入水权和卖出水权，使水资源在不同地点和时点转移，创造水资源的地域效用和时间效用，这与一般厂商购入资产并卖出产品，创造资源的地域和时间效用并获取利润的厂商行为相类似，现以厂商理论对其进行分析。

判断市场绩效的标准是水银行能否以较低的价格提供较多的交易量。如图 5-2 所示，在完全竞争的水市场中，水银行将在平均成本的最低点安排水权交易，即水权交易量为 Q_1，对应的价格为 P_1；在垄断的水市场中，水银行为实现利润最大化，必然按照边际成本等于边际收益的原则确定水权价格 P_2 和水权交易量 Q_2，垄断水银行所获得的超额利润为矩形 $ABCP_2$ 的面积。通过比较可知，$P_1<P_2$，$Q_1>Q_2$，即在垄断的条件下，水权交易价格大于完全竞争条件下的交易价格，而水权交易量则小于完全竞争条件下的交易量。

西方经济学家认为完全竞争下的经济是最有效率的，在这一条件下经济资源得到最合理的配置和最有效率的利用，消费者能够以尽可能低的价格购

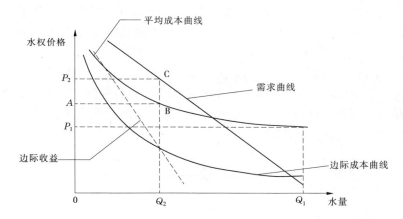

图 5-2　垄断水市场和竞争水市场的绩效比较

买到需要的商品。在完全垄断条件下，水银行可以通过高价卖出来获得超额利润，这样就会使资源无法得到充分利用，引起资源浪费。水银行控制了市场，也就控制了水权交易价格，它所制定的价格往往高于完全竞争时的价格，这就引起消费者剩余的减少和社会经济福利的损失。显然，竞争机制降低了价格，提高了交易量，具有更高的绩效。为了提高水权交易的效率，政府需要对水银行的垄断行为进行管制，其中一个重要的方面就是对其价格进行管制，如对价格差的限制等。

维护公平竞争市场秩序的第二项任务，是通过水市场运行规则的制定和行政监管，保证市场竞争的有序性和公平性。

5.3.1.3　解决流域水权交易产生的外部性问题

如果水权交易是自主的，当交易双方的效用都得到改进的前提下，交易才可能产生，也就是说，对买卖双方来讲，交易的结果肯定是个帕累托改进。但如果考虑到第三方的话，水权交易可能会降低第三方的用水效用，也就是说，水权交易可能会带来负的外部性问题。该外部性的最主要问题是：由于水权交易改变了水资源使用的地区，在考虑退水的情况下，若下游用水转移给上游，使得交易双方之间河段河流水量减少；反之，若上游用水转移给下游用户，则交易双方间河段河流水量增加。

如图 5-3 所示，A、B、C 是自上游至下游依次出现的三个不同的地区。如果 A 地区某用户将 5 000 m³ 水权出售给 C 地区的用户。如果没有出售，A 地区该用户自己使用这 5 000 m³ 水，假设其退水率为 30%，则这 5 000 m³ 水权将有 1 500 m³ 退水至 B 段。如果交易达成了，这 5 000 m³ 水将全部流经 B 地区所在河段。因此，此笔水权交易使得 B 地区所在河段的河流水量增加了 3 500 m³。假设 C 地区购买者的用水退水率也是 30%，则该笔交易对 C 下游地区的河流水量没有任何影响。如果 C 地区某用水户将 5 000 m³ 水权出售给 A 地区水用户的情况。如果不出售，这 5 000 m³ 水都将流经 B 地区。在交易发生后，5 000 m³ 的水资源使用权转移到了 A 地区，经过 A 的使用后，将有 1 500 m³ 水回到河流。因此，下游地区向上游地区的转移水权将减少中间河段的流量。

图 5-3

考虑到不同用途的水资源具有不同的退水率，当水权交易改变了水资源用途时，水权交易后对第三方也可能造成显著影响。Burness 和 Quirk（1980）给出了不同用途的用水的退水率：工业冷却用水主要被蒸发，退水系数一般为 5%～10%，农业用水退水系数为 30%～60%，城市用水退水系数为 80%～90%[147]。这样，当水权交易改变了水资源的用途时，流量也将随之变动。具体地讲，减少其他地区河段流量的情况有两种：①上游退水率高的用水户转移给下游低退水的用水户，使得下游用水处的后续河段流量减少；②下游退水率高的用水户转移给上游低退水用水户，会使得上游用水处之后续河段流量减少。

因此，位于不同地区交易者的水权转让行为，将对两者之间的河段流量产生影响。流量的减少主要有两方面的影响：一是不受任何监督的水权交易将使流量持续地减少，最终可能导致断流，从而使得下游地区无水可用；另一方面，流量的减少使河流自身稀释和净化水质能力降低，从而导致水质的恶化。例如近年来逐年加剧的黄河断流问题：水量减少而排污量不变，加重了黄河水污染和水环境的恶化，对生态环境，例如湿地生态系统退化、生物多样性减少等，都造成严重而深远的影响。如何保障流量需求问题是克服第三方负外部性的主要问题[148]，这也是政府利用宏观调控政策解决外部性问题的一个思路。

5.3.2 宏观调控手段

政府在流域水权交易市场上的宏观调控的主要手段有经济手段、法律手段和行政手段。

5.3.2.1 经济手段

经济手段的行使主要用于对水权价格的调节。当水权价格过高时，水权监管部门可以在水市场上出售部分预留水权，增加市场供给量，压低水权价格；当水权价格过低时，可以购买水权，扩大市场需求，抬高水权价格。

图 5-4 给出了一个政府运用经济手段调节水权价格的过程——公开市场业务。水市场上某时间的初始需求为 D_1，初始供给为 S_1，初始价格为 P_1。若水权监管机构认为这个价格过高，就可以在水市场上出售数量为（$Q_2 - Q_1$）的预留水权，供给曲线由 S_1 右移至 S_2，水权交易市场上的均衡价格由 P_1 降至 P_2；若水权监管机构认为初始水权价格过低，就可以在市场上购买数量为（$Q_3 - Q_1$）的水资源，需求曲线由 D_1 右移至 D_2，水权交易市场上的均衡价格由 P_1 上升至 P_3。公开市场业务一举两得：一方面熨平了水权价格的剧烈波动；另一方面，对流域内某干旱地区提供了更多的水资源，有利于流域内某丰水地区对多余水资源的储存，避免了用水户无效率或低效率的使用。

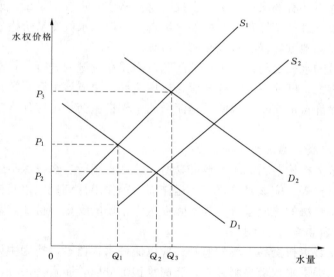

图 5-4　水市场上的公开市场业务

5.3.2.2　法律手段

流域水权交易体系的规范运行和健康发展，离不开法律的保障。强调法律手段在对流域水资源宏观管理中的重要作用，是"人治"向"法治"转变的重要表现，对于提高管理效率、避免权力寻租起到重要作用。政府要根据社会主义市场经济体制的要求，逐步建立以《水法》为核心，包括流域水权交易部门规章和规范性文件在内的水权交易市场法律、法规体系。其涵盖的内容应该包括以下几方面。

1）水权交易的法律规范

水权交易的法律规范可以分为两类，一是关于水权交易的一般规定；二是关于禁止的交易行为，其核心是保护水权交易者的合法权益，维护流域水市场秩序和社会公众利益。

（1）关于水权交易的一般规定。包括水权的交易场所，为实现"价格优先、时间优先"原则而采用的公开集中竞价交易方式等。

（2）关于禁止的交易行为。包括操纵价格、恶意炒作、扰乱市场秩序以及在流域水权交易所内进行非流域内水权交易等违法交易行为。操纵价格是将水市场作为投机的场所，它包括：①通过单独或者合谋，利用其拥有的资金优势、持有水权量优势和信息优势，联合进行连续买卖，操纵水权交易价格。②与他人串谋，以事先约定的时间、价格和方式相互进行水权交易或者相互买卖并不持有的水权，影响水权交易价格或者水权交易量；或者以自己为交易对象，进行不转移所有权的自买自卖，影响水权交易价格或者水权交易量。③以其他方法操纵水权交易价格等。

跨流域的水权交易涉及更多的问题，需要在流域内进行水权交易试点之后再逐步扩大，即使目前需要开展跨流域交易，也应该由政府统一调配，而暂时不应允许自由交易。因此，跨流域的水权自主交易也应列入禁止的范围之内。

2）水权服务的法律规范

水权服务机构包括流域水权交易所、流域水银行、水权保险公司、水权纠纷中介机构等。应该对其资格、运作规则等作出详细规定，其核心是为水权交易提供合法的优质服务，维护和促进水市场的安全运行。

3）市场监管的法律规范

我国流域水权交易市场的监管，应以流域水权监管机构为主体，流域水权交易所除提供水权交易服务外，还应承担部分监管职责。另外，成立流域水银行协会，作为水银行业的自律性组织，对水银行进行自律监管。在法律中对流域水权交易所、流域水银行协会、流域水权管理机构的监管职责进行规定，其目的是建立比较完备的流域水权交易市场监管体系，并以此维护流域水市场秩序，保障其合法运行。

5.3.2.3　行政手段

行政手段包括对水权交易的监管、水权交易结果的审核、过户、解决外部性问题等。

1）对流域水权交易的监管

代表政府对水权交易进行监管的是流域水权监管机构，它应履行以下监管责任：①制定有关流域水市场监管的规章、规则，并依法行使核准权或审批权；②对流域水权交易所、流域水银行、流域水权登记结算机构、水权保险公司、水权纠纷中介机构等业务活动进行监管；③制定从事水权交易业务人员的资格标准和行为准则，并监督实施；④监督检查水权交易信息公开情况；⑤对流域水银行业协会的活动进行指导和监督；⑥对违反水权交易法规的行为进行查处等。

2）水权交易结果的审核和过户

审核的内容主要是确定交易双方的交易资格，最主要的是出售者是否是水权的合法拥有者。如果答案是肯定的，则为购水者办理过户手续，颁发取水许可证，同时对出售者水权许可证进行核减或注销。

3）解决水权交易中的外部性问题

水权交易所带来的外部性问题，不仅要靠政府的宏观调控，而且要依靠市场的力量对交易规则进行改进。对此问题将在下一节专门讨论。

5.4　水权交易过程中的外部性问题及其解决

如前文所述，由于水权在流域内不同地区的用水户和不同用途的用水户之间转移，会对河流水量产生影响，进而影响了其他河段的用水户的用水安全和水质，出现了外部性问题。下面对不同情况的外部性问题分别分析并提出解决建议。

5.4.1　不同地区间水权交易产生的外部性

流域内不同地区、相同用途的水权交易对第三方的影响范围较小，只对水权交易双方中间地区的河流水量产生影响，且该影响是双向的，上游地区向下游地区出售水权会增加买卖双方之间河段的流量，反之，则会减少双方之间河段的流量。也就是说，外部效应既可能是正的，也有可能是负的。对于正的外部效应影响，是一种"帕累托"改进，有利于提高交易双方和第三方的效用水平，应该鼓励这种交易的发生。对于可能会产生负外部效应的交易，应该予以限制，使其降到不至于产生明显负效应的程度。流域水权监管机构可以确定任意两地区中的上游地区净转入水量的最高限额，对两地区间的水权交易进行登记、监督，保证中间河段不会因河流水量发生较大幅度的降低，而对第三方用水产生显著影响。

5.4.2　同一地区水权交易产生的外部性

同上一种情况相比，流域内相同地区不同用途水权交易产生的外部性的影响范围较大，该类型交易对位于买卖双方下游所有地区的河流水量都会产生影响。解决这个问题的一个思路是：改变原来的1:1的交易比率，即售水者出售的水权并不能完全转移至购水者手中，其中一部分将保留在河流中。

假设售水者用水的退水率为 R_1，待出售的水权数量为 Q。若售水者自己使用，则退水数量为 R_1Q。对应的，购水者的用水退水率为 R_2，它取得的水权数量为 Q'，退水数量为 R_2Q'，剩余水权（$Q-Q'$）留在河道，直接排往下游。为了保证河流水量不变，则要满足等式：

$$R_1Q = (Q-Q') + R_2Q' \Rightarrow Q' = \frac{1-R_1}{1-R_2}Q \qquad (5-5)$$

也就是说，实际交易的数量是 Q'，但是为了保证这笔数量为 Q' 的水权交易，售水人必须占有而且要付出数量为 Q 的水权，（$Q-Q'$）相当于以实物形式向政府交纳水权交易税。

在实际操作中，售水人向水权公司递交数量为 Q' 的交易委托书，对于不同用途的买者将有不同的报价。达成交易后，售水人将数量至少为 Q 的水权许可证交付流域水权监管机构，流域水权监管机构为购水人颁发数量为 Q' 的水权许可证，同时注销数量为（$Q-Q'$）的水权，如仍有余额，则向售水人颁发数量为余额水量的水权许可证。这样，下游地区的河流水量就不会受到水权交易的影响，外部效应问题得以解决。

5.5　本章小结

由于跨流域的水权交易将涉及更多的政治、社会问题，以及不同流域水资源系统及其规律等问题，应该在流域水权交易市场成熟后再作考虑。因此，本章仅以流域为单元构建水权交易市场。水权交易不仅需要正规的水权交易市场，而且需要有非正式水权交易市场对其补充。所以本章以场内正规的和场外非正规的流域水权交易市场的分类为主线，对水权交易市场和交易制度进行了具体详尽的构建。

对于场内正规的流域水权交易市场的构建，按照流域水权交易所的模式，对市场的主体、客体、交易方式、交易规则、运作模式以及网上水权交易技术系统等方面进行了分析研究，得出如下结论，场内流域水权交易应采取流域水权交易所和会员制的形式。其性质、运作模式和治理结构形式为：流域水权交易所是制定水权交易所的业务规则、提供水权交易的场所和设施、组织和监督水权交易、管理和公布市场信息的一个不以盈利为目的的法人，是水权交易市场的中心；流域水权交易所以会员制的形式，吸纳经流域水权监管机构批准的水权公司为会员，组成自律性的会员制组织；水权公司下设营业部，作为各交易者（用水户）买卖水权的代理人，进行水权买卖；交易者必须到营业部开立资金账户和办理指定交易（水权交易者必须是注册会员，必须首先到流域水权监管机构进行注册登记，取得交易资格后，才能到营业部开立资金账户和办理指定交易）。

对于场外流域水权交易市场的构建，对作为做市商的流域水银行的运作模式以及现代电子技术在场外流域水权交易中的使用进行了分析研究。

根据国外水市场中大部分水权交易为临时交易的经验，本章主要研究了临时水权交易规则、场内和场外临时水权交易的运作。经分析认为，在我国流域水市场的水权价格形成制度选择问题上，场内临时交易应实行竞价制度，而场外交易更适合选用做市商制度。并专门用一节文字对竞价制度下水权价格形成制度的具体运作进行了剖析，如集中竞价市场的效率、集中竞价的具体操作等。

市场机制的良好运行离不开有效的宏观管理。本章对水权交易过程中政府应该扮演的角色、政府在水权交易中的宏观调控目标和可以选用的手段进行了分析。

另外，在自主交易的前提下，水权交易产生的基础是交易的双方都能从此获益，即交易能带来帕累托改进。但是，如果从全社会的角度来看，交易可能会降低其他用水户的效用，也就是说，交易可能存在着外部效应。这样，如果自由放任的话，市场机制对水资源配置的结果往往并非帕累托最优。

本章的创新点为：系统研究了流域水权交易与流域水市场，提出以流域为单元建立水权交易所，并界定了流域水权交易所的公司性质、组织形式与运作模式。

第6章　水环境产权制度创新
防治水污染的理论分析

在水的自然循环体系中，人类的活动与用水循环是应有节制的（水利用的社会循环），必须与之相协调，做到"天人合一"方能永续生存与发展。水环境的恶化是由于不健康的水社会循环所造成的，这种水社会循环对人类生存空间的不负责任，将会遭到大自然长期的并且是越来越厉害的报复。水质污染不仅给人们的身心健康和正常生活带来危害，严重的还会引发社会动荡，甚至祸及子孙后代。目前，水环境污染已成为制约我国经济与社会发展的一大障碍。因此，寻求科学、经济、有效的水污染防治对策措施，促进国民经济和社会的持续发展，一直是我国政府和广大环境科技工作者关心的焦点。目前，学术界对建立排他性的水环境资源的使用权制度和排污权交易制度以防治水污染问题的探讨较少。本章应用环境经济学和水环境产权理论等有关经济学理论，对此进行专门理论分析。

6.1　水污染的经济分析

6.1.1　我国水污染直接经济损失估算

我国江河流域普遍遭到污染，全国河川的生态功能已严重衰退，且呈发展趋势。据2006年中国环境状况公报，2006年全国地表水总体水质属中度污染。在国家环境监测网（简称国控网）实际监测的745个地表水监测断面中（其中，河流断面593个，湖库点位152个），Ⅰ～Ⅲ类、Ⅳ类和Ⅴ类、劣Ⅴ类水质的断面比例分别为40%、32%和28%（见图6-1）。其中，国控网七大水系的197条河流408个监测断面中，Ⅰ～Ⅲ类、Ⅳ和Ⅴ类、劣Ⅴ类水质的断面比例分别为46%、28%和26%。

按照综合污染指数比较，七大水系污染程度为：珠江、长江水质良好，松花江、黄河、淮河为中度污染，辽河、海河为重度污染。主要污染指标为高锰酸盐指数、石油类和氨氮。

水污染对我国国民经济、社会生产、居民生活和身体健康等各个方面造成了严重影响，不少人试图对水污染造成的各种危害所带来的经济损失进行

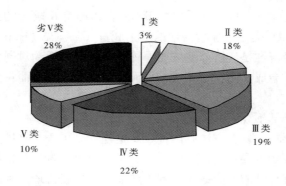

图 6-1　2006 年地表水断面水质类别比例

估算，得到了不尽相同的数字，但主要结论是共同的，那就是危害巨大、损失惨重。比如，2007 年无锡太湖蓝藻污染的爆发就给无锡市人民的生产生活带来了严重的影响。综合不同报告的数据可见，20 世纪 80 年代我国水污染损失占 GNP 的比率为 1.5%～3%。还有数字显示，工业废水污染造成的损失匡算结果为 2.02 元/（$m^3 \cdot a$）。

6.1.2　水污染的成因

客观原因。人们生活和生产活动的一切排泄物，废弃物质包括城市生活、生产污水，汽车尾气、采暖与工厂燃气，田野剩余化肥、农药等，几乎都通过降雨径流、人工排水系统汇入江河。碳源有机污染会使水体严重缺氧，发黑发臭，破坏水生态系统，甚至使水生生物灭绝；而磷的污染致使闭锁性水域富营养化，藻类疯长，赤潮频频发生，这样都使江、河、湖、泊丧失水体功能，恶化水环境危害全流域。水环境的恶化是由于不健康的水利用循环（社会循环）所造成的，是溶解着和挟带着各种污染物质的城市污水、工业废水、面源污染形成的地表径流不经处理和净化注入水体所造成的。目前，污水处理率偏低，大量污水直接排放；面源污染严重，尚未找到有效控制措施。

主观原因。①由于水环境资源的所有权归国家和全民所有，属公共资源，人们对共有产权的关心程度小于对自己私有财产的关心程度；②地方保护主义严重，一些地方政府为了地方的经济利益，甚至充当违法排污企业的保护伞；③产业结构调整步伐太慢，如造纸等一些高耗水、重污染行业的主要污染物排放量仍占工业排污总量的 70% 以上，等等。

6.1.3　水污染的经济学解释

从环境经济学角度看，水污染是一种典型的外部不经济现象，其实质是私人成本的社会化。"外部不经济性"理论是 1910 年由著名的经济学家马歇尔（A. Marshall）提出，随后由他的学生庇古（A. C. Pigou）予以丰富和发展。外部不经济性是经济外部性的一种，是指某项活动对周围环境造成不良影响，使得社会成本高于个体成本，而行为人并未因此而付出任何补偿的情形。

水污染的外部不经济性。对于某一用水户，在生活、生产过程中不可避免地会产生废弃物，处置方法有两种：一是处理后再排入水体，二是直接排入水体。处理废物需要花费人、财、物，生活或生产者受利益或利润动机的支配，为了节省自己的资金或私人的生产成本，以获得最大利润，对污水处理的积极性不够，因而放弃污水处理或污水处理率偏低，致使大量污水直接排入水体中。结果是私人个体受益，水污染环境中的人受到损害。由于环境容量的产权归国家所有，属公共环境资源，目前还不能进入水权交易市场，即市场不能自行解决环境污染带来的损失（市场失灵），这些损失是对社会造成的损失，增加了社会成本，即私人成本转化成了社会成本。

在理性人的假设条件下，生产者按照个人边际成本等于边际收益的原则组织生产，实现的个人收益最大化。但是，由于生产外部性的存在，在生产过程中，由于产生了污染，导致生产的社会成本大于私人成本。

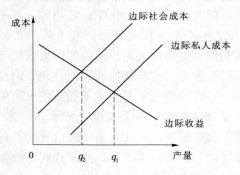

图 6-2　过度污染的经济学解释

如图 6-2 所示，水污染企业按照收益最大化原则的最优产量为 q_1，但是，由于污染的存在，生产的社会成本大于私人成本，社会福利最大化的产量应该为 q_2。q_2 小于 q_1，表明在缺乏对污染管理的情况下，自发的产量大于社会最优产量，从而污染情况严重，产生水污染日趋严重问题。这种社会成本的增加远远大于私人成本的减少，致使社会的总福利下降，外部不经济便由此产生。水污染是一种典型的外部不经济现象，其表现为：受污染水体及其周围的生态环境恶化，生物种群多样性丧失；降低了饮用水的安全性，疾病发生率上升，使人民健康受到直接威胁；对农业、工业、渔业造成严重危害，农产品产量及质量下降；对污水处理厂正常运行造成不良影响，设备折旧加快，增加建设和运行费用；旅游收入减少；等等。

　　另外，从经济学的角度来看，无论是作为一种能够使人们产生正效用的物品，还是作为一种能够用于生产其他物品的资源，无非是满足人们需要的手段，其价值都不是绝对至高无上和不可侵犯的。在人类的生产和生活过程中，产生污染是不可避免的。仅对水资源来说，生活与生产废水、相当部分的固体垃圾等都会直接或迂回地排放到河流、湖泊与地下含水层之中，即使经过无害处理，也只能是减轻了污染程度。既然环境污染是不可避免的，而且污染本身也是个权衡问题，所以，对待污染基本的态度应该是如何将其减少到除了污染的主体以外的其他社会成员愿意接受的范围之内。

6.2　水污染治理模式选择

　　造成水污染的情况有两种，一是水污染的外部不经济性，二是水环境属于公共环境产权资源的制度缺陷。下面针对这两种情况分别讨论其治理水污染的模式。

6.2.1　防治水污染的经济手段及其缺陷

　　水污染就是排污主体所造成的有害的外部性，水污染的外部不经济性的实质是私人成本的社会化，所以要从根本上解决水污染问题，也只有将这种外部成本内部化，即让排污者产生污染的外部费用进入他们自己的生产或消费决策，由其自己承担或"内部消化"。外部成本内部化的方式主要有：一是收取污染费，二是征收污染税。

　　关于收取水污染费制度及缺陷。我国现行的是排污收费制度，虽然这些制度的施行对防止水污染起到了巨大的作用，但实践证明，由于非对称信息的存在等，使该项制度在实施过程中也暴露出一些缺陷：①对排放流量和排放总量没有限制；②缺乏经济激励机制；③收费可依据的数据失真；④收费标准不易确定；⑤污染治理资金使用效益不高。由于这些缺陷的存在，排污收费制度在防止水污染方面难以达到预期的效果，致使水污染愈演愈烈[149]。

　　关于征收水污染税制度与不足。水污染税可以采取从量税，即每单位产出按照一定税率征收税款，税率的确定取决于社会边际成本和私人边际成本之间的差异。在没有征收污染税的情况下，过度水污染的损失均由社会承担，具体到水资源污染问题上，污染的成本由下游地区承担。征收水污染税后，污染的成本转到制造污染的生产者身上，生产者的生产成本随之上升。在合理规定水污染税率的情况下，私人成本将上升到和社会成本一致，私人最优产量将同社会最优产量一致，日趋严重的水污染问题便可解决。但征收污染税制度的主要局限性在于，在这种方式下，企业将失去减少污染的动力。因为，企业交纳的水污染税税额仅同企业产量相关，即使企业采取投入成本购入污染治理设备、改进生产技术等手段减少了污染，所交纳的税额并不会随之减少。因此，企业只会对产量做出调整，而不会主动治理污染。另外，不同产业造成的水污染程度是不同的，为了实现私人成本同社会成本一致，应征收的水污染税税率也应该是不同的。如果税率的制定有些出入，就无法实现社会最优。而这种无误差的制度在现实生活中是不可能实现的。

6.2.2　水环境产权制度创新防治水污染的模式

　　水环境资源的公共产权制度是水污染难以治理的主要根本原因。在我国，水资源的所有权属于国家，其附带的水环境及其容量也属于国家，由于水环境资源的公共产权属性，水环境资源的使用权不具有排他性，排污主体向公共领域的水资源排放污染而不承担成本，这样也使其个人成本小于社会成本，从而导致水污染的蔓延；其二，正是由于水环境资源的公共产权属性，所以水污染治理问题只有政府最关心，一般的用水户关心很少或根本就不关心，单靠政府环保部门来治理严重的普遍的水污染问题，力量太弱了。不仅如此，有的地方政府为了地方的经济利益，不仅不去治理水污染，而且还充当水污染户的保护伞。由此可见，克服水污染的外部性，只有通过制度创新，建立水环境资源所有权与使用权分离的制度，即建立排他性的水环境资源的使用权制度，使之边界清晰，达到所有的用水户都来关心自己的水环境资源产权问题，实现每个用水户都达标排污，才是解决我国水污染的正确途径。尤其是在我国目前市场经济制度的大环境下，更需要水环境资源的产权制度按照我国社会主义市场经济体制和市场化程度的要求进行"私有化"的管理。在建立排他性的水环境资源使用权制度的基础上，建立水污染的排污权交易制度，可以有效地克服收取水污染费或征收水污染税制度的缺陷，解决有害的外部性和水环境资源公共领域的"搭便车"问题，建立经济激励机制和引导机制，从而达到有效地防治水污染的目的。

　　建立排他性的水环境资源使用权制度和排污权交易制度，可以有效地防治水污染。《中国可持续发展水资源战略研究综合报告及各专题报告》对江河湖海防污减灾的战略对策建议是：尽快实现从末端治理向源头控制的战略转移，大力推行清洁生产；从单纯点污染源治理，转向对点源、面源的流域综合治理等。要实现这些很好而又权威的建议，建立排他性水环境资源的使用权制度就是很好的方法。因为水污染物排放权配置到各污染户后，各污染户就会非常关心地根据配置的排污权安排生产，从而实现了水污染的源头控制和清洁生产的推行，也解决了资金问题；排污权不仅要配置到城镇居民、工业用水户，而且还要配置到农业用水户，这样才能体现由国家所有的使用权向各用水户配置的公平性（因为国家所有也就是人人都应该享有）。因此，无论是点源污染户，还是面源污染户，都会关心自己范围的水污染防治问题，从而实现点源、面源综合治理。

正确地界定水权及水污染权，建立排污权配置制度和市场交易制度是在市场经济条件下解决水污染的最根本的方法。建立排他性的水环境资源的使用权制度，允许排污权交易，并不意味着排污企业只要有钱就能肆无忌惮地排放污水，无论"买""卖"双方，其交易都只能在水权制度规定的法律法规框架下和在水污染物排放总量控制（水环境容量）的前提下进行。

6.3　排污权交易制度防治水污染机理分析

根据水环境容量，政府可选择公开竞价拍卖、定价出售或无偿分配等不同的方式，对各用水户分配这些权利；然后通过建立排污权交易制度，使排污者从其利益出发，自主决定其污染治理水平，合法地买卖排污权。这种市场化手段可以极大地调动排污企业的治污积极性，使其可以选择更有利于自身发展的方式主动减排。

6.3.1　排污权交易制度对防治水污染的作用

（1）建立排污权交易制度是价值规律的客观要求。随着人们对环境质量要求的不断提高，环境容量相对会越来越小，污染者购买排污权的费用也会越来越高。对生产效益的追求客观上迫使污染者不断提高治理水平，尽可能少地使用环境容量[149]。

（2）排污权交易制度有利于水环境资源产权的优化配置。通过水环境资源产权的初始分配途径防治水污染，存在水环境资源的优化配置问题，通过排污权交易，可以使排污权向经济效益高、边际治理成本低的企业转移。在排污权总量一定的情况下，经济效益高、边际治理成本低的新建企业要获得排污权，就可以在排污权市场上购得，这样有利于效益好的企业利用有限的排污权进行经济活动，提高了排污权的利用效率，实现了水污染权这一稀缺资源的优化配置的目的，有利于经济和环境的协调发展。

（3）排污权交易制度有利于污染者的技术进步和推广清洁生产。企业生产的外部不经济性转化为系统内部的经济性。只要企业排放污染物，就会将部分生产费用转嫁给社会，造成其生产的外部不经济性。实施排污权交易，一方面使企业通过购买初始排污权补偿了其外部不经济性；另一方面，企业通过提高治理水平争取的排污权转让给其他企业，使单个企业生产的外部不经济性转化为系统内部的经济性[150]。因此，企业会根据排污权市场交易情况和本企业的生产要求，或者到排污权交易市场上去买排污权，或者是采取先进技术和清洁生产。通过出售排污权，能够促使污染者获得更多资金采用先进工艺，减少污染排放或采用更有效的控制设备增大污染物削减量。通过排污权交易制度，建立了防治水污染的激励机制，从而达到控制和治理水污染的目的。

（4）排污权交易可避免收取排污费或征收排污税中的一些问题。排污权交易不需要像收取排污权费或征收排污税那样，事先确定排污标准和相应的最优排污费率或税率，而只需确定排污权数量并找到发放排污权的一套机制，然后让市场去确定排污权的价格。通过排污权价格的变动，排污权市场可以对经常变动的市场价格和企业水污染的治理成本做出及时的反应。

（5）政府可利用排污权交易市场控制水污染的程度。如果政府希望降低污染水平，可以进入市场购买排污权，然后控制在政府手中，不再卖出，这样水污染就会得到有效控制；政府购买持有的这部分排污权，可以稍微高的价格卖给经济效益好并且采用先进技术与采用清洁生产的企业。这种解决办法不仅控制了水污染，而且做到了盈亏平衡或略有盈余，无需政府增加投资来解决水污染问题，因此是有效率的。但需要说明的是，在排污权交易市场上，排污权交易制度应明确规定只有政府具有这种特权，严禁一般污染户以此方式来扰乱市场并从中牟取暴利。

6.3.2　排污权交易制度需要有关法规的支持

虽然排污权交易制度对防治水污染是一个很好的机制，但必须有相应的配套的法律法规制度作保证。比如，允许排污权交易，并不意味着排污企业只要有钱就能肆无忌惮地排放污水，无论"买""卖"双方，其交易都只能在水污染物排放总量控制的前提下进行，并且要保证水资源的环境质量[151]。又比如，污染户为了省钱而不到排污权市场上采购排污权，就有可能超标超量偷排，对此，仅有排污权交易制度是不够的，必须有针对解决该问题的法律规定，如对违规超排的罚款，其罚款数额要比买排污权多用5～10倍的钱，情节严重者可追究法人代表及其当事人的刑事责任等。因此，只有在健全的法律法规下的排污权交易制度，才是防治水污染的根本途径。

以流域为单元针对排污权交易制度框架下的法律法规，应从以下几方面予以立法规范：① 立法保护水污染物排放权的交易；② 对非法水污染物排放权交易的处罚；③ 对违法违规超排的惩处；④ 对连续几年达标排放的奖励（比如用水户通过采用清洁生产技术后实现达标排放）；⑤ 对水污染物排放权交易的限制，比如交易规则等；⑥ 对各用水户能用上达标水及环境的产权保护等。

6.4　水环境产权制度创新防治水污染的模型分析

本节在分析几个模型的基础上将建立一个新的综合模型，着重分析以流域为单元在建立完善的水资源使用权制度和水污染物排放权制度框架下，利用市场机制实现水环境资源的优化配置。也就是说，在水资源产权制度框架下（即水资源量权与水环境量权），通过排污权交易市场，使各用水户按照利益最大化的原则，选择最优取水量和最优排污量，实现流域水资源数量和质量的优化配置。

6.4.1　模型假设

对一个河流来讲，处于该河流的上、中、下游各地区，进行水资源分配都是一个有多方参与的博弈问题。不失一般性，假设有 5 个地区（如图 6-3 所示），地区 1 为源头地区，有来水量 q_1（这里指有效来水量，下同）；地区 2 为上游地区。地区 3 和地区 4 为中游地区，同时在该区有一个一级支流，有来水量 q_2；地区 5 为下游地区。

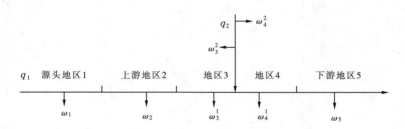

图 6-3　流域水资源分配博弈主体

ω_i 为各地区从河道中的引水量（$i=1,2,3,4,5$）。这样，河流水资源分配中有 5 个当事人，即 $n=5$，该博弈问题为：①当事人集合 $N=\{5\}$；②各当事人的策略集分别为 $x^1,x^2,\cdots,x^5$；③第 i 个当事人的支付函数为 $p_i(x^1,x^2,\cdots,x^5)$，表示当事人 1 采取策略 x^1，当事人 2 采用策略 x^2，…时，当事人 i 获得的支付。

假设 $B_i(\delta)$ 是各地区的用水收益，它取决于有效用水量 $\delta=(\omega,\bar{\omega})$，即从河道的引水量 ω、地下水开发量 $\bar{\omega}$。用水效益 $B_i(\delta)$ 将随着水量的增加而增加，但增加的速度将减慢，当水量达到 $\delta^*=(\omega^*,\bar{\omega}^*)$ 时用水效益最大。

$B_i(\delta)$用水收益和有效用水量 δ 的关系如图6-4所示。

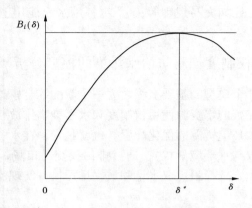

图6-4　用水收益与有效用水量的关系

　　$C_i(\lambda)$是各地区的取水总费用,它与从河道的引水量 ω 相关,取水费用将随着取水量的增加而增加。某地区取水量的上限为来水量 y。当取水量接近来水量时,供水费用将急剧上升,趋向无穷大,如图6-5所示,其中 $\lambda = (\omega, y)$。

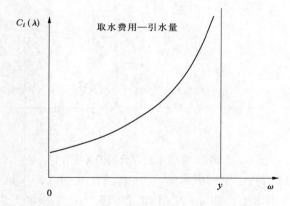

图6-5　取水费用与取水量的关系

　　记 $\rho = (\bar{\omega}, Q)$, $\overline{C_i}(\rho)$ 是各地区其他取水费用,如地下水开发费用等。为简化起见,这里只考虑开采地下水的情况,即假设 $\overline{C_i}(\rho)$ 为地下水开发费用,它将取决于地下水开发量 $\bar{\omega}$,同时受到该地区地下水储量 Q 的影响。地下水费用也将随着地下水开发量的增加而增加,同时也受到来水量的影响。同样的地下水开采量,当该地区地下水储量较为丰富时,开采费用就较低；反之，开采费用就较高。如图 6-6 所示。

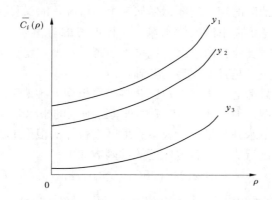

图 6-6 地下水取水费用与地下水开采量的关系

地区 5 为生态保护区，提供水库蓄水量与生态效益同来水量 x 呈正比。当来水量减少时，水库的蓄水量和生态效益都将随之减少，甚至为负值。这里不考虑洪水造成的自然灾害。如图 6-7 所示。

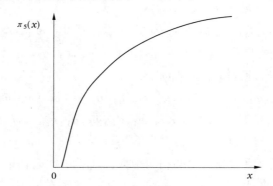

图 6-7 生态用水效益同来水量的关系

在这个博弈里，前四个地区选择自己从河道中引水量最大化以使自己收益的最大化。其中地区 3、4 既能够从干流取水，又能够从支流取水。各地区的效益为用水收益减去成本。

6.4.2 模型分析

6.4.2.1 自由取水与排污模型

随着人口的增加、生活水平的提高、生产能力的进步，人们对于水资源需求也相对增加，而随着技术的不断发展，引水能力大幅度增长，在自由取水的规则下，这就使得向下游的输水量就日益减少。各河流上游地区在考虑该地区的用水量时往往是各行其是、各自为政，没有考虑整个流域水资源的合理分配和下游地区的用水问题，任何一个地区决策时又往往只考虑到上游来水量，而不会考虑向下游的输水量。本模型考虑自由取水自由排污情形，即各地区从干流或支流自由取水，也可以任意排污。这是本书考虑的第一个模型，也称模型一，是其他模型的基础。

　　假设地区 1 只考虑来水量，地区 2 将一次根据上游地区的来水量和地下水开采量进行决策，地区 3、4 不仅根据上游地区的来水量，而且还依据支流的来水量及地下水开采量进行决策，地区 5 将一次根据上游地区的来水量和地下水开采量进行决策。各地区的效益函数如下：

$$\pi_1^1(\omega_1, q_1) = B_{11}(\omega_1) - TFC_1(\omega_1, q_1, c_1, l_1) - DC_1(\omega_1) \qquad (6\text{-}1)$$

$$\pi_2^1(\omega_1, \omega_2, \bar{\omega}_2, q_1) = B_{21}(\omega_1, \bar{\omega}_2) - TFC_2(\omega_1, \omega_2, \bar{\omega}_2, q_1, c_2, l_2)$$
$$- DC_2(\omega_2, \bar{\omega}_2, s_2) \qquad (6\text{-}2)$$

$$\pi_3^1(\omega_1, \omega_2, \omega_{31}, \omega_{32}, \tilde{\omega}_3, q_1, q_2) = B_{31}(\omega_{31}, \omega_{32}, \tilde{\omega}_3)$$
$$- TFC_3(\omega_1, \omega_2, \omega_{31}, \omega_{32}, \bar{\omega}_3, q_1, q_2, c_2, l_3)$$
$$- DC_3(\omega_{31}, \omega_{32}, \bar{\omega}_3, s_3) \qquad (6\text{-}3)$$

$$\pi_4^1(\omega_1, \omega_2, \omega_3, \omega_{41}, \omega_{42}, \bar{\omega}_4, q_1, q_2) = B_{41}(\omega_{41}, \omega_{42}, \bar{\omega}_3)$$
$$- TFC_4(\omega_1, \omega_2, \omega_3, \omega_{41}, \omega_{42}, \bar{\omega}_4, q_1, q_2, c_4, l_4)$$
$$- DC_4(\omega_{41}, \omega_{42}, \bar{\omega}_4, s_4) \qquad (6\text{-}4)$$

$$\pi_5^1(\omega_1, \omega_2, \omega_3, \omega_4, \omega_5, \bar{\omega}_5, q_1, q_2) = B_{51}(\omega_5, \bar{\omega}_5)$$
$$- TFC_5(\omega_1, \omega_2, \omega_3, \omega_4, \omega_5, \bar{\omega}_5, q_1, q_2, c_5, l_5)$$
$$- DC_5(\omega_5, \bar{\omega}_5, s_5) \qquad (6\text{-}5)$$

其中，π_i^j 为 i 地区在模型 j 中的利润函数；B_{ij} 为 i 地区在第 j 个模型中的用水收益；q_i 为来水量，$i = 1, 2$；c_i 为 i 地区单位距离的引水成本，$i = 1, 2, 3, 4, 5$；l_i 为 i 地区的引水距离，$i = 1, 2, 3, 4, 5$；TFC_i 为 i 地区的用水成本。

　　用水成本不仅是引水量 ω_i、单位距离引水成本 c_i、引水距离 l_i、地下水开采量 $\bar{\omega}_i$ 的增函数，而且还随着该地区用水量的增加而增加。对于地区 1 来讲，其来水量为 q_1；对于地区 2 来讲，其来水量为 $q_1 - \omega_1$；地区 3、4 的来水量相对复杂一些，两个地区来水量的和为 $q_1 + q_2 - \omega_1 - \omega_2$；地区 5 的来水量为 $q_1 + q_2 - \omega_1 - \omega_2 - \omega_3 - \omega_4$，这里 ω_3 和 ω_4 为地区 3 和地区 4 从干流与支流取水量和，即 $\omega_3 = \omega_{3i} + \omega_{32}$，$\omega_4 = \omega_{41} + \omega_{42}$，其中 ω_{i1} 为地区 i

从干流的取水量，ω_{i2} 为地区 i 从支流的取水量（$i=3$，4）。

$\bar{\omega}_i$ 为地区 i（$i=2$，3，4，5）的地下水开发量；s_i 为地区 i（$i=2$，3，4，5）的地下水存量；DC_i 为地区 i（$i=1$，2，3，4，5）使用地下水的环境损害成本；ω^{j*} 为模型 j（$j=1$，2，3，4）的最佳决策向量；ω_i^{j*} 为 i（$i=1$，2，3，4，5）地区模型 j（$j=1$，2，3，4）的最佳引水量；$\bar{\omega}_i^{j*}$ 为 i（$i=2$，3，4，5）地区模型 j 的地下水最佳抽水量；$B_{ij}(\omega_i)$ 为 i 地区引水量 ω_i 的 j 效益，$i=1$，2，3，4，5。$j=1$ 表示经济效益，$j=2$ 表示环境效益，$j=3$ 表示社会效益。

各地区的决策模型按照自身效益最大化的原则决定取水量：

$$\max\pi_1^1(\omega_1,q_1),由\frac{\partial\pi_1^1}{\partial\omega_1}=0,得\ \omega_1^{1*}; \qquad (6\text{-}6a)$$

$$\max\pi_2^1(\omega_2,\bar{\omega}_2^1,q_2),由\frac{\partial\pi_2^1}{\partial\omega_2}=0,\frac{\partial\pi_2^1}{\partial\bar{\omega}_2}=0\ 得\ \omega_2^{1*},\bar{\omega}_2^{1*}; \qquad (6\text{-}6b)$$

$$\max\pi_3^1(\omega_1^{1*},\omega_2^{1*},\omega_{31},\omega_{32},\bar{\omega}_3,q_1,q_2),$$
$$由\frac{\partial\pi_3^1}{\partial\omega_{31}}=0,\frac{\partial\pi_3^1}{\partial\omega_{32}}=0,\frac{\partial\pi_3^1}{\partial\bar{\omega}_3}=0\ 得\ \omega_{31}^{1*},\omega_{32}^{1*},\bar{\omega}_3^{1*}; \qquad (6\text{-}6c)$$

$$\max\pi_4^1(\omega_1^{1*},\omega_2^{1*},\omega_3,\omega_{41},\omega_{42},\bar{\omega}_4,q_1,q_2),$$
$$由\frac{\partial\pi_4^1}{\partial\omega_{41}}=0,\frac{\partial\pi_4^1}{\partial\omega_{42}}=0,\frac{\partial\pi_4^1}{\partial\bar{\omega}_4}=0\ 得\ \omega_{41}^{1*},\omega_{42}^{1*}\ \bar{\omega}_4^{1*}; \qquad (6\text{-}6d)$$

$$\max\pi_5^1(\omega_1^{1*},\omega_2^{1*},\omega_3^{1*},\omega_4^{1*},\bar{\omega}_5,q_1,q_2),$$
$$由\frac{\partial\pi_5^1}{\partial\omega_5}=0,\frac{\partial\pi_5^1}{\partial\bar{\omega}_5}=0\ 得\ \omega_5^{1*},\bar{\omega}_5^{1*}; \qquad (6\text{-}6e)$$

由此，可以得到最佳决策向量：

$$\omega^{1*}=(\omega_1^{1*},\omega_2^{1*},\omega_{31}^{1*},\omega_{32}^{1*},\omega_{41}^{1*},\omega_{42}^{1*},\omega_5^{1*})$$
$$\bar{\omega}^{1*}=(0,\bar{\omega}_2^{1*},\bar{\omega}_3^{1*},\bar{\omega}_4^{1*},\bar{\omega}_5^{1*}) \qquad (6\text{-}6f)$$

从以上模型可知，处于源头的地区 1 在决定自己的引水量时，完全根据自己的成本收益函数进行决策，而处于上游的地区 2 则是根据地区 1 的引水量得到该地区的来水量（即 $q_1-\omega_1^{1*}$）之后，来确定其引水量。地区 3 不仅根据地区 1、2 的引水量，而且还依据支流的来水量 q_2，来确定其引水量 ω_{31}^{1*} 和 ω_{32}^{1*}。地区 4 不仅根据地区 1、2 和地区 3 的引水量，而且还依据支流的来水量 q_2，来确定其引水量 ω_{41}^{1*} 和 ω_{42}^{1*}。地区 3 和地区 4 在支流引水存在博弈。其引水决策分别由地区利益最大化决定，即地区 3 和地区 4 在支流引水的最佳方式分别是 ω_{32}^{1*} 和 ω_{42}^{1*}。地区 5 则是根据源头和几个上中游地区的引水量得到该地区的来水量 $q_1 + q_2 - \omega_1^{1*} - \omega_2^{1*} - \omega_3^{1*} - \omega_4^{1*}$，来确定其引水量 ω_5^{1*}。因此整个河流的各地区用水博弈，是一个贯续博弈问题。

在可利用水资源总量已经确定的情况下，水资源在各地区之间的分配必然涉及到各区的利益。如果处于河流源头、上中游地区增加水的利用量，直接的结果是这些地区经济效益增加，因而从中得到利益；然而，这些利益的获得是建立在下游地区的经济损失之上。在这种情况下，一方收益必然导致另一方遭受损失，也就是说，各地区间的利益关系是相互对抗的，这种冲突必然导致以利己为原则的决策目标具有"损人利己"的特征。因此，流域内各地区在水资源的合理分配利用上，仍然处于一种完全非合作的状态，是一种完全非合作博弈。

显然，地区 1 在决定自己的引水量和地区 2~5 在决定自己的引水量以及地下水开发时，是根据其效益最大化原则进行的，地区 1 在确定其引水量时，由于供水费用较低，从而容易导致其超量引水；地区 2 因处在上游位置，其引水成本相对较低，其引水量也相对充足；而地区 3、4 由于干流的来水量减少，造成从干流引水的总费用急剧上升；由于支流有来水量 q_2，从支流引水的费用较低，因此地区 3、4 必将扩大从支流的引水量而希望减少从干流的引水量。假设地区 1、2 能够减少一部分用水量，将这一部分用水量给地区 3、4 或地区 5 使用，将会减少地区 1、2 的收益。但从上面的分析可以发现，地区 1、2 减少的收益将小于地区 3、4、5 由于增加了来水量而带来的收益的增加部分。因此，整个河流的收益显然是不可能达到平衡的。虽然各地区的决策是理性的，即整个模型是以各地区的个体理性决策为基础的，但各地区在实现其个体理性的时候造成了集体非理性，导致了整个河流水资源利用的无效率，各地区按照上面原则采取对策的结果，即各地区自由取水，各自为政，下游地区来水量越来越少，以及由此带来的水资源短缺，是该机制下的利益关系导致的必然结果。

6.4.2.2　行政配置水权、排污权的博弈模型

尽管河流各用水者之间存在利益冲突，但并不意味着他们之间不具有某种抑制性的利益关系。如果上游地区将一部分水资源留给下游使用，就有可能带来更大的效益；或者当各地区都采取提高用水效率的措施，那么总有效水资源量将会相对增加，进而会带来更多的收益。由于下游可获得的水资源增加，对水库的供水及生态将带来更大的效益。因此，河流在水资源利用方面，具有由冲突对抗转向合作的潜在可能性。

如何能够让各地区从对抗转向合作，在进行自身决策的时候考虑到整个流域的利益呢？在计划经济模式下，通常通过指令配水的方式，来对整个河流的水资源进行分配，其目标就是要使得河流各地区进行合作，以获得河流效率最大化。以下用模型二来分析计划经济下，通过指令配水的方式来实现集体理性的情况。

各地区的决策仍然是按照个体理性原则来进行决策的，各地区的效益函数仍然如模型一中所描述的类似，但此处考虑的是我国政府对水资源进行行政分配时的决策，其目标是河流水资源效益的总和，即

$$
\begin{aligned}
\delta(\omega, \bar{\omega}) = {} & \pi_1^2(\omega_1, q_1) + \pi_2^2(\omega_1, \omega_2, \bar{\omega}_2, q_1) \\
& + \pi_3^2(\omega_1, \omega_2, \omega_{31}, \omega_{32}, \bar{\omega}_3, q_1, q_2) \\
& + \pi_4^2(\omega_1, \omega_2, \omega_3, \omega_{41}, \omega_{42}, \bar{\omega}_4, q_1, q_2) \\
& + \pi_5^2(\omega_1, \omega_2, \omega_3, \omega_4, \omega_5, \bar{\omega}_5, q_1, q_2)
\end{aligned}
\tag{6-7}
$$

其中，$\pi_i^2 = \pi_i^1 - v_{COD} - v_{氨氮} - v_{挥发酚}$，$v_{COD}$、$v_{氨氮}$、$v_{挥发酚}$分别表示主管部门对地区 i 征收治理污染物 COD、氨氮、挥发酚的费用，并且本书仅考虑含有这三种污染物的污染治理模型。因此，其决策目标为效益和的最大化：

$$
\max \delta(\omega, \bar{\omega}) \Rightarrow \nabla_\omega \delta = 0, \nabla_{\bar{\omega}} \delta = 0
$$

即

$$
\left.
\begin{aligned}
& \frac{\partial \pi_1^2}{\partial \omega_1} + \frac{\partial \pi_2^2}{\partial \omega_1} + \frac{\partial \pi_3^2}{\partial \omega_1} + \frac{\partial \pi_4^2}{\partial \omega_1} + \frac{\partial \pi_5^2}{\partial \omega_1} = 0 \\
& \frac{\partial \pi_2^2}{\partial \omega_2} + \frac{\partial \pi_3^2}{\partial \omega_2} + \frac{\partial \pi_4^2}{\partial \omega_2} + \frac{\partial \pi_5^2}{\partial \omega_2} = 0 \\
& \frac{\partial \pi_3^2}{\partial \omega_{31}} + \frac{\partial \pi_4^2}{\partial \omega_{31}} + \frac{\partial \pi_5^2}{\partial \omega_{31}} = 0 \\
& \frac{\partial \pi_3^2}{\partial \omega_{32}} + \frac{\partial \pi_4^2}{\partial \omega_{32}} + \frac{\partial \pi_5^2}{\partial \omega_{32}} = 0 \\
& \frac{\partial \pi_4^2}{\partial \omega_{41}} + \frac{\partial \pi_5^2}{\partial \omega_{41}} = 0 \\
& \frac{\partial \pi_4^2}{\partial \omega_{42}} + \frac{\partial \pi_5^2}{\partial \omega_{42}} = 0 \\
& \frac{\partial \pi_5^2}{\partial \omega_5} = 0 \\
& \frac{\partial \pi_2^2}{\partial \bar{\omega}_2} = 0, \frac{\partial \pi_3^2}{\partial \bar{\omega}_3} = 0, \frac{\partial \pi_4^2}{\partial \bar{\omega}_4} = 0, \frac{\partial \pi_5^2}{\partial \bar{\omega}_5} = 0
\end{aligned}
\right\}
\tag{6-8}
$$

由联立方程 (6-8) 可得水资源分配最优解为

$$\omega^{2*} = (\omega_1^{2*}, \omega_2^{2*}, \omega_{31}^{2*}, \omega_{32}^{2*}, \omega_{41}^{2*}, \omega_{42}^{2*}, \omega_5^{2*}),$$

$$\bar{\omega}^{2*} = (0, \bar{\omega}_2^{2*}, \bar{\omega}_3^{2*}, \bar{\omega}_4^{2*}, \bar{\omega}_5^{2*}) \tag{6-9}$$

因此，在计划经济模式下的水资源分配博弈具有以下特征：

首先，这种博弈是合作的。在模型求解过程中，可以看到水资源分配博弈的结果，即各地区的用水量是由联立方程 (6-8) 决定，而不是单独由该地区所确定的。一般来说，在确定取水量和排污量的行政决策过程中，各用水主体的用水量是由流域内经济水平、污染程度等各种因素共同决定的。因此，各地区水资源分配是一种合作的结果。

其次，它是各地区完全合作的结果。将式 (6-6f) 及式 (6-9) 的解代入式 (6-7)，分别得出 $\delta(\omega^{1*}, \bar{\omega}^{1*})$，$\delta(\omega^{2*}, \bar{\omega}^{2*})$。这里，虽然 $\delta(\omega^{1*}, \bar{\omega}^{1*})$ 是各地区按照个体理性原则进行决策时得到的结果，每个地区都达到了个体理性，但是从整个流域的整体来看却是非理性的，即没有同时达到集体理性。而 $\delta(\omega^{2*}, \bar{\omega}^{2*})$ 则是以集体理性为目标得到的结果。当用水量在地区之间的分配结果是 $\delta(\omega^{2*}, \bar{\omega}^{2*})$ 时，整个流域取得效益的最大化，模型的结果是最优的，因此，$\delta(\omega^{2*}, \bar{\omega}^{2*}) \geqslant \delta(\omega^{1*}, \bar{\omega}^{1*})$。合作博弈强调的是集体理性，模型二达到了这个目标。

然而，满足河流效益的分配结果对各地区来讲是无激励的，主要表现在对各地区征收治理污染的费用没有区分；同时，以各地区的个体角度来看，这个结果无法带来该地区效益最大化。因此，即使事先达成了协议，各地区也不可能认真执行，除非存在着绝对的强制力。虽然流域内各地区之间存在着共同的利益和行动目标，在水资源的利用方面具有合作的潜在可能性，为水资源的合理分配利用问题奠定了基础，但是从"理性人"的观念出发，不会出现一个地区在决策中，把其他地区的利益也作为自己行动目标的情况。也就是说，由于个体理性的存在，各地区绝对不会主动采取合作的态度，河流集体理性的实现只能通过行政命令来强制实施，而强制性的行政命令很难达到预期目标，对各支流区没有任何实质性的约束力，进而造成下游来水日趋减少的情况，显露出其不可实施的特点。

6.4.2.3　水权及污染权市场交易模型

从模型二的分析可以知道，行政配水情况下，虽然带来了地区间的合作博弈，但是分配的结果仍然是缺乏激励的，很难实现既定目标，并且在行政命令的制定、实施、监督成本向用水人转移的情况下，还有可能带来供水成本的增加，那么是否还有其他的方式可以促进河流的合作呢？直接通过市场交易手段能够促进资源的有效配置，那么能否达到建立激励机制的目的呢？下面通过对水权的界定、分配和市场交易，来建立激励机制。

科斯在其《社会成本问题》（1960）一文中提出了著名的"科斯定理"：如果交易费用为零，无论权利如何界定，都可以通过市场交易达到资源的最佳配置。显然，科斯已经将权利安排即制度形式与资源配置效率直接对应起来了。将这一理论应用于水资源领域，对探索水污染治理无疑会有大的帮助。

水权及污染权市场交易分析模型的建立（模型三）。流域水资源在上下游之间、地区之间、区域内部按市场化的方式加以配置，暂不考虑初始水权和各种污染物污染权的具体分配方案。假设地区 i 分配得到的水权和污染权是确定的，s_w^i 是 i 地区市场中同类污染物 w 的均衡价格，s_{uv}^i 表示不同的污染物 u 和 v 在地区 i 市场交易的均衡价格。不同地区其市场交易的均衡价格可以不同。w_i 为地区 i 得到的水权，p 为市场的水权价格。此时，各地区的收入项还包括参与水权和污染权交易的收入。当地区 i 经过技术革新或其他途径产生富余的水权或污染权时，地区 i 可将多余的水权或污染权通过市场转让给其他地区，它从交易中获得的收入为正；反之，则表示地区 i 购买了其他地区的水权，它从交易中获得的收入为负。综合考虑经济效益、环境效益及社会效益，各地区的利润函数为：

$$\pi_1^3(\omega_1, q_1, v_{COD}, v_{氨氮}, v_{挥发酚}, s_{COD}^1, s_{氨氮}^1, s_{挥发酚}^1, s_{COD氨氮}^1, s_{氨氮挥发酚}^1, s_{挥发酚COD}^1, p)$$

$$= B_{11}(\omega_1) + B_{12}(\omega_1) + B_{13}(\omega_1) - TFC_1(\omega_1, q_1, c_1, l_1)$$

$$\quad + sign(v_{COD})s_{COD}^1 + sign(v_{氨氮})s_{氨氮}^1 + sign(v_{挥发酚})s_{挥发酚}^1$$

$$\quad + sign(T_{COD氨氮})s_{COD氨氮}^1 + sign(T_{氨氮挥发酚})s_{氨氮挥发酚}^1$$

$$\quad + sign(T_{挥发酚COD})s_{挥发酚COD}^1 - \omega_1 p$$

$$= \pi_1^1(\omega_1, q_1) + B_{12}(\omega_1) + B_{13}(\omega_1) + sign(v_{COD})s_{COD}^1$$

$$\quad + sign(v_{氨氮})s_{氨氮}^1 + sign(v_{挥发酚})s_{挥发酚}^1 + sign(T_{COD氨氮})s_{COD氨氮}^1$$

$$\quad + sign(T_{氨氮挥发酚})s_{氨氮挥发酚}^1 + sign(T_{挥发酚COD})s_{挥发酚COD}^1 - \omega_1 p \quad (6\text{-}10)$$

类似地有：

$$\pi_2^3(\omega_1, \omega_2, \bar{\omega}_2, q_1, v_{COD}, v_{氨氮}, v_{挥发酚}, s_{COD}^2, s_{氨氮}^2,$$

$$\quad s_{挥发酚}^2, s_{COD氨氮}^2, s_{氨氮挥发酚}^2, s_{挥发酚}^2, p)$$

$$= \pi_2^1(\omega_1, \omega_2, \bar{\omega}_2, q_1) + B_{22}(\omega_2) + B_{23}(\omega_2) + sign(v_{COD})s_{COD}^2$$

$$\quad + sign(v_{氨氮})s_{氨氮}^2 + sign(v_{挥发酚})s_{挥发酚}^2 + sign(T_{COD氨氮})s_{COD氨氮}^2$$

$$\quad + sign(T_{氨氮挥发酚})s_{氨氮挥发酚}^2 + sign(T_{挥发酚COD})s_{挥发酚COD}^2 - \omega_2 p \quad (6\text{-}11)$$

$$\pi_3^3(\omega_1,\omega_2,\omega_{31},\omega_{32},\bar{\omega}_3,q_1,v_{COD},v_{氨氮},v_{挥发酚},$$
$$s_{COD}^3,s_{氨氮}^3,s_{挥发酚}^3,s_{COD氨氮}^3,s_{氨氮挥发酚}^3,s_{挥发酚COD}^3,p)$$
$$=\pi_3^3(\omega_1,\omega_2,\omega_{31},\omega_{32},\bar{\omega}_3,q_1,q_2)+B_{32}(\omega_{31},\omega_{32})$$
$$+B_{33}(\omega_{31},\omega_{32})+sign(v_{COD})s_{COD}^3+sign(v_{氨氮})s_{氨氮}^3$$
$$+sign(v_{挥发酚})s_{挥发酚}^3+sign(T_{COD氨氮})s_{COD氨氮}^3$$
$$+sign(T_{氨氮挥发酚})s_{氨氮挥发酚}^3+sign(T_{挥发酚COD})s_{挥发酚COD}^3$$
$$-(\omega_{31}+\omega_{32})p \tag{6-12}$$

$$\pi_4^3(\omega_1,\omega_2,\omega_3,\omega_{41},\omega_{42},\bar{\omega}_4,q_1,q_2,v_{COD},v_{氨氮},v_{挥发酚},$$
$$s_{COD}^4,s_{氨氮}^4,s_{挥发酚}^4,s_{COD氨氮}^4,s_{氨氮挥发酚}^4,s_{挥发酚COD}^4,p)$$
$$=\pi_4^1(\omega_1,\omega_2,\omega_3,\omega_{41},\omega_{42},\bar{\omega}_4,q_1,q_2)+B_{42}(\omega_{41},\omega_{42})$$
$$+B_{43}(\omega_{41},\omega_{42})+sign(v_{COD})s_{COD}^4+sign(v_{氨氮})s_{氨氮}^4$$
$$+sign(v_{挥发酚})s_{挥发酚}^4+sign(T_{COD氨氮})s_{COD氨氮}^4$$
$$+sign(T_{氨氮挥发酚})s_{氨氮挥发酚}^4+sign(T_{挥发酚COD})s_{挥发酚COD}^4$$
$$-(\omega_{41}+\omega_{42})p \tag{6-13}$$

$$\pi_5^3(\omega_1,\omega_2,\omega_3,\omega_4,\omega_5,\bar{\omega}_5,q_1,q_2,v_{COD},v_{氨氮},v_{挥发酚},$$
$$s_{COD}^5,s_{氨氮}^5,s_{挥发酚}^5,s_{COD氨氮}^5,s_{氨氮挥发酚}^5,s_{挥发酚COD}^5,p)$$
$$=\pi_5^1(\omega_1,\omega_2,\omega_3,\omega_4,\omega_5,\bar{\omega}_5,q_1,q_2)+B_{52}(\omega_5)$$
$$+B_{53}(\omega_5)+sign(v_{COD})s_{COD}^5+sign(v_{氨氮})s_{氨氮}^5$$
$$+sign(v_{挥发酚})s_{挥发酚}^5+sign(T_{COD氨氮})s_{COD氨氮}^5+sign(T_{氨氮挥发酚})s_{氨氮挥发酚}^5$$
$$+sign(T_{挥发酚COD})s_{挥发酚COD}^5-\omega_5 p \tag{6-14}$$

满足
$$q_1+q_2=\omega_1+\omega_2+\omega_{31}+\omega_{32}+\omega_{41}+\omega_{42}+\omega_5+\omega_6 \tag{6-15}$$

这里，
$$sign(t)=\begin{cases}1, & t>0\\ 0, & t=0\\ -1, & t<0\end{cases}$$

我们约定当地区 i 出售水权或污染权时，$t>0$；购买水权或污染权时，$t<0$；既不出售又不购买时 $t=0$。

$B_{i1}(\omega_i)$ 表示 i 地区用水的经济效益，$B_{i2}(\omega_i)$ 表示 i 地区用水的环境效益，$B_{i3}(\omega_i)$ 表示 i 地区用水的社会效益；v_w 表示交易的污染物 w，s_w^i 表示在地区 i 污染物 w 交易的收益，T_{uv} 表示不同污染物 u 和 v 的交易，s_{uv}^i 表示在地区 i 不同污染物 u 和 v 交易的收益。它们分别由下面的式子确定：

$$B_{11}(\omega_1) = \int_0^\infty f_{11}(\omega_1) \mathrm{e}^{-r_{11}\omega_1} \mathrm{d}\omega_1 \tag{6-16}$$

$$B_{12}(\omega_1) = \int_0^\infty f_{12}(\omega_1) \mathrm{e}^{-r_{12}\omega_1} \mathrm{d}\omega_1 \tag{6-17}$$

$$B_{13}(\omega_1) = \int_0^\infty f_{13}(\omega_{13}) \mathrm{e}^{-r_{13}\omega_1} \mathrm{d}\omega_1 \tag{6-18}$$

$$B_{ij}(\omega_i, \bar{\omega}_i) = \int_0^\infty f_{ij}(\omega_i, \bar{\omega}_i, y) \mathrm{e}^{-r_{ij}\omega_i} \mathrm{d}\omega_i$$
$$i = 2,3,4,5; j = 1,2,3 \tag{6-19}$$

$$s_w^i = \int_0^\infty g_i(w) \mathrm{e}^{\alpha_i(w)w} \mathrm{d}w \qquad i = 1,2,3,4,5 \tag{6-20}$$

$$s_{uv}^i = \iint_{(0,\infty)\times(0,\infty)} g_i(u,v) \mathrm{e}^{\alpha_i(u,v)h(u,v)} \mathrm{d}u\mathrm{d}v \quad i = 1,2,3,4,5 \tag{6-21}$$

式中，$f_{i1}(\cdot)$ 为地区 i 引水量 ω_i 产生的经济效应；$f_{i2}(\cdot)$ 为地区 i 引水量 ω_i 产生的环境效应；$f_{i3}(\cdot)$ 为地区 i 引水量 ω_i 产生的社会效应；$g_i(w)$ 为地区 i 污染物交易的成本效应；$g_i(u,v)$ 为地区 i 不同污染物交易的成本效应，r_{i1} 为地区 i 经济效益的贴现率，r_{i2} 为地区 i 环境效益的贴现率；r_{i3} 为地区 i 社会效益的贴现率；$\alpha_i(w)$ 为地区 i 污染物 w 交易费率，$\alpha_i(u,v)$ 为不同污染物 u 和 v 交易费率。需要说明的是，地区 2、3、4、5 的各种效益不仅与引水量有关，而且还与地下水抽水量有关。

关于污染物交易的计量标准，目前有若干种，考虑到各类污染物在生物性、化学性、物理性和综合性等方面的特性，应该以其对环境质量产生的危害程度即有害当量（也称污染当量）作为污染物计量标准。有害当量的定义为：不同类别的污染物对环境质量所产生的某一定量的危害，这是衡量污染危害程度的一个基本量[152]。

从模型三可以看出，地区 i 的经济效益与产生污染之间有负向相关关系。以市场为调节手段治理污染，可以收到一定的效果。然而，从"理性人"的观念出发，地区 i 为获得自身利益的最大化，即从

$$\max \pi_i^3, (i = 1,2,3,4,5)$$

出发，决定各自的取水方式：

$$\omega^{3*} = (\omega_1^{3*}, \omega_2^{3*}, \omega_3^{3*}, \omega_4^{3*}, \omega_5^{3*}), \bar{\omega}^{3*} = (0, \bar{\omega}_2^{3*}, \bar{\omega}_3^{3*}, \bar{\omega}_4^{3*}, \bar{\omega}_5^{3*})$$

假设在流域范围内，允许污染物排放总量（按计量单位）W_0 一定。各地区污染物排放量记为 W_i，满足

$$W_0 = W_1 + W_2 + W_3 + W_4 + W_5 \tag{6-22}$$

各地区的污染物排放是由市场调控的，并自行决定其水权和污染权的买卖；同时由式（6-15）和式（6-22），上游地区可能以牺牲下游地区的经济利益为代价，谋取自身利益；个别地区甚至于存在私自排放污染物的现象。交易者交易的目的与动机，均是从满足自身需要而进行的，很少或者根本不考虑对宏观与社会的危害，这是纯粹市场经济的根本弊病，因此市场经济也不是万能的。尤其是在我国水权与污染权属于国有的体制下，以及因其公益性和弱质性的特点，通过建立水权与排污权市场，利用市场机制优化配置水资源和控制水污染问题，必须建立相应的配套制度，通过有效的立法，不仅规范水权与排污权的交易行为，更重要的是在保护其他用水户、河流、湿地、第三方利益的情况下，达到促进经济社会的可持续发展、水资源可持续利用的目的。对此，下文对流域水权制度框架下的水权交易、水污染物排放权交易进行了分析。

6.4.2.4　流域水权制度框架下水权交易与排污权交易的博弈分析

从模型三的分析可以看出，简单地引入水权交易和污染权交易的水资源分配，虽然能在一定程度上治理水污染，但是，由于存在地区间经济发展上的竞争，上游地区在某种程度上以牺牲下游地区的资源与环境、经济发展为代价，社会整体效益最大化的终极目标不可能实现。其根源在于纯粹市场经济的缺陷。

在流域范围内实现经济与环境的协调发展，实现社会效益的最大化，必须建立一套合理的制度。首先，转变对水资源性质的认识，承认水资源是一种经济物品，不仅要提高水资源利用率，而且要达到水资源的优化配置。其次，制定合理的水权制度和完善的水污染治理的法律法规。流域的水权和排污权一定要明晰。分配以后如何对其进行管理，如何规范使用，如何交易及转让，如何开发经营等一系列法律法规的建设，是水权交易和污染权交易得以正常进行的核心内容。第三，严格的监督与管理。流域内用水户水权和污染权的交易，必须遵守相应的权利与义务。对违反规定的用水户，用严格的经济手段直至采取行政和法律手段。如，对超额排污的，按排污量的多少，处以市场交易价格 5～10 倍的处罚；对造成重大事故的，追究当事者的行政责任甚至法律责任。第四，公开、公平、公正的水权和污染权交易市场体系。实现水权和污染权交易的平台是市场，市场的设立要以灵活性和方便性为前提，在流域范围内以较小的成本参与市场交易。灵活性包括交易单位设立的可操作性，初始配置在不同环境的适应性。随着技术的发展，也可以采用网上交易。交易单位仍然为污染当量。初始配置可按丰水期、枯水期和平水期，对不同地区或用水单位，采用不同的水权和污染权的配置。第五，政府或水资源管理部门要预留一定量的水权和污染权。预留的目的之一，是对市场进行调控，当某种权利的价格过高时，增加这种权力的供给，压低价格；当价格过低时出资购买相应的权利，抬高价格。第六，合理的激励机制。随着生产工艺的提高和技术的进步，对污染物处理的水平和能力也随之提高。对有能力控制污染的企业或地区，给予一定的支持，鼓励他们进行污染治理；对污染严重的企业或地区，给予相应的惩罚。各项制度与激励机制的落实，由各级政府来完成。本小节建立模型四，即流域水权制度框架下的污染治理模型，分析我们治理污染的出路。

流域水权制度框架下，综合考虑经济效益、环境效益和社会效益，各地区的利润函数为

$$\pi_i^4 = \pi_i^3 + \chi_i(q) \quad i = 1,2,3,4,5$$

这里，$\chi_i(q)$ 为地区 i 得到的奖励或惩罚；q 为 i 地区的引水量 ω、地下水开采量 $\bar{\omega}$、COD、氨氮、挥发酚等因素的函数。

由于科学的配置，良好的市场环境，流域内水资源的合理利用，实现流域内水资源效益总和的最大化，即

$$\delta(\omega, \bar{\omega}) = \sum_{i=1}^{5} \pi_i^4$$

的最大化，即

$$\max\delta(\omega, \bar{\omega})$$

的取水方式

$$\omega^{4*} = (\omega_1^{4*}, \omega_2^{4*}, \omega_3^{4*}, \omega_4^{4*}, \omega_5^{4*}), \bar{\omega}^{4*} = (0, \bar{\omega}_2^{4*}, \bar{\omega}_3^{4*}, \bar{\omega}_4^{4*}, \bar{\omega}_5^{4*})$$

并且满足

$$q_1 + q_2 > \omega_1^{4*} + \omega_2^{4*} + \omega_3^{4*} + \omega_4^{4*} + \omega_5^{4*} \tag{6-23}$$

$$W_0 > W_1 + W_2 + W_3 + W_4 + W_5 \tag{6-24}$$

从模型四可以看出，满足流域效益的分配结果对各地区来说是公平合理的。各地区效益的最大化可以通过市场这个渠道来实现，同时保证流域内整体经济效益、环境效益和社会效益总和的最大化。整体理性与个体理性相统一，实现了经济与环境的协调发展。其次，水资源配置的费用低，与科斯关于市场效率的思想一致。第三，由式（6-23）和式（6-24），在流域范围内对水资源和污染权可以进行有效的管理与监督，保证经济发展与污染治理的有机统一。

在以上模型中，各地区的效益与源头的来水量或支流来水量的函数，主

要考虑到流域范围内在丰水期、枯水期等不同时期有不同的来水量。各用水主体在不同时期的取水量与污染物的初始分配应有所不同,这为决策提供了科学的方法。

本书仅提出了水资源从河流的干流、一级支流至给水区目标规划模型的一般形式的数学描述,对一些具体关系的确定,还有赖于对水资源可持续利用规律和防治水污染规律的进一步认识。

6.5　本章小结

我国水污染问题日趋严重,水污染已经成为不亚于洪灾、旱灾甚至更为严重的灾害。我国虽然对水污染防治了许多年,也取得了很大成绩,但总体来讲,还没有从根本上解决该问题。本章应用环境经济学和水环境产权理论等有关经济学理论,分析了水污染问题,提出了通过水环境产权制度创新防治水污染的思路。

首先,分析了我国水污染现状的严重性和水污染的成因,对水污染问题进行了经济学解释,水污染是一种典型的外部不经济现象。

其次,着重分析了水污染治理模式,通过对消除水污染外部不经济性的经济手段方式及其缺陷的分析,提出通过水环境资源公共产权制度创新的水污染防治模式——正确地界定水权及排污权,建立排他性的水环境资源的使用权制度和排污权交易制度,可以有效地防治水污染。

第三,对排污权交易制度防治水污染机理进行了分析,根据水环境容量配置排污权,然后通过建立排污权交易制度,使排污者从其利益出发,自主决定其污染治理水平,合法地买卖排污权。这种市场化手段不仅可以极大地调动排污企业的治污积极性,使其可以选择更有利于自身发展的方式主动减排,而且能大幅度减少水污染物排放总量的总体削减费用。

第四,分析了水环境资源产权制度框架下的流域水权交易、水污染物排放权交易模型。通过模型假设和模型分析,着重对以下四种情况运用模型进行了研究:①自由取水与排污模型分析;②行政配置水权、排污权的博弈模型分析;③水权及污染权市场交易模型分析;④流域水权制度框架下的水权交易、水污染物排放权交易的博弈分析。本研究仅提出了防治水污染的一般模型的数学分析,对一些具体关系的确定和更深层次的研究,还有赖于对水资源可持续利用规律和防治水污染规律的进一步认识。

本章的创新点为:在正确地界定水权及排污权的前提下,通过建立排他性的水环境资源的使用权制度和排污权交易制度,可以有效地防治水污染。

第 7 章　黄河流域水权制度案例分析

7.1　基本情况

7.1.1　黄河流域水资源现状与供需发展趋势

7.1.1.1　黄河流域水资源与利用现状

黄河发源于青海省巴颜喀拉山北麓海拔约 4 500 m 的约古宗列盆地，流经青海、四川、甘肃、宁夏、内蒙古、陕西、山西、河南、山东等九省（区），在山东垦利县注入渤海，全长 5 464 km。黄河流域总面积 79.5 万 km²（包括黄河内流区 4.2 万 km²，下同）。黄河是沿岸 429 个县和 50 个大中型城市的主要水源，为约 1.2 亿居民服务。据 2005 年黄河水资源公报，黄河流域行政分区面积见图 7-1。

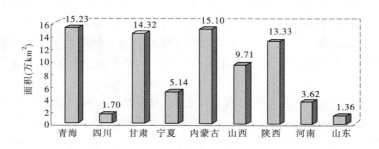

图 7-1　黄河流域行政分区面积

黄河划分为龙羊峡以上、龙羊峡至兰州、兰州至头道拐、头道拐至龙门、龙门至三门峡、三门峡至花园口、花园口以下、黄河内流区（分别简称为龙以上、龙～兰、兰～头、头～龙、龙～三、三～花、花以下和内流区，下同）等流域分区，黄河流域分区面积比例见图 7-2（见 2005 年黄河水资源公报）。

黄河流域通常分为三个大的主要区域：上游、中游和下游。

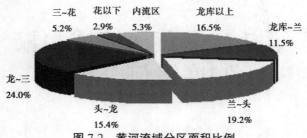

图 7-2　黄河流域分区面积比例

上游：河源至内蒙古托克托县的河口镇为黄河上游。河道长3 461 km，流域面积近 37 万 km²。汇入的较大支流有 43 条。径流量占全河的 54%。龙羊峡至宁夏下河沿的干流河段是黄河水力资源的"富矿"区。下河沿至河口镇的黄河两岸为宁蒙灌区，该地区属干旱地区，加上灌溉引水和河道渗漏严重，致使引黄河水量较大。

中游：河口镇至郑州桃花峪为黄河中游，河长 1 235 km，区间流域面积 36 万 km²。汇入的较大支流有 30 条，包括汾河和渭河。占黄河径流量的 43%，是黄河洪水和泥沙的主要来源区。

下游：桃花峪至河口为黄河下游。区间流域面积 2.2 万 km²，河道长度 768 km，只占有总径流量的 3%。下游河道淤积严重，河床普遍高出地面 3～5 m，最大高差达 10 m 以上，形成了地上"悬河"，严重威胁着两岸广大人民的生命和财产安全。

黄河流域水资源可利用总量。黄河流域水资源可利用总量为 690 亿 m³，其中河川径流量可利用量 580 亿 m³，地下水与地表水不重复部分可开采量为 110 亿 m³[7]。

用水现状。据 2005 年黄河水资源公报，2005 年黄河总取水量为 465.01 亿 m³（含跨流域调出的地表水量），其中地表水取水量 332.01 亿 m³（农田灌溉 260.21 亿 m³、林牧渔畜 20.62 亿 m³、工业 32.36 亿 m³、城镇公共设施 5.05 亿 m³、城乡居民生活 10.96 亿 m³，其余为生态环境用水），占总取水量的 71.4%；地下水取水量 133.00 亿 m³（农田灌溉 66.15 亿 m³、林牧渔畜 11.05 亿 m³、工业 33.07 亿 m³、城镇公共设施 4.19 亿 m³、城乡居民生活 16.95 亿 m³，其余为生态环境用水），占 28.6%。黄河总耗水量为 361.75 亿 m³，其中地表水耗水量 267.86 亿 m³，占总耗水量的 74.0%；地下水耗水量 93.89 亿 m³，占 26.0%。

7.1.1.2　黄河水资源利用存在的主要问题

（1）水资源供需矛盾日趋尖锐。不断扩大的供水范围和持续增长的供水要求，使水少沙多的黄河实难承受，承担的供水任务已超过其承载能力，造成供需矛盾尖锐。地下水的超采，造成部分地区出现严重的环境地质危害；地区与地区之间、上中下游之间，用水矛盾十分尖锐；工农业用水与河道内输沙、防凌、环境、发电、渔业、航运用水之间矛盾日趋突出；上游发电与中下游输沙也存在用水矛盾。

（2）统一管理的体制和有效监督的机制尚未完全建立。黄河干流已建的大型水库及引水工程分属不同部门管理，流域机构缺乏监督监测手段，不能有效控制引用水量。在用水高峰期，各地争相引水，人为造成水资源紧张，很难做到河道内外统筹、上中下游兼顾。取水许可制度虽已全面实施，但由于流域机构缺乏强有力的行政处罚手段，有效监督尚不到位，直接影响到黄河水资源的统一管理和调度。

（3）用水管理粗放，部分地区浪费水现象严重。由于部分灌区渠系老化失修、工程配套较差、灌水田块偏大、沟长畦宽、土地不平整、灌水技术落后及用水管理粗放等原因，造成了灌区大水漫灌、浪费水严重的现象，尤其是灌区水利用效率很低，仅有 35%～50%；工业用水也存在浪费现象，大中城市的工业用水定额比发达国家高出 3～4 倍，重复利用率只有 40%～60%[7]。

（4）水污染严重。黄河流域水资源危机不仅表现为量的匮缺，而且还表现为因严重的水污染而造成的水质恶化、水体功能降低和丧失。近十多年来，黄河流域水污染明显在加重。据 2005 年黄河水资源公报，据不完全统计，2005 年黄河流域废污水排放量为 43.53 亿 t，2005 年黄河流域全年评价河长 13 228.4 km，其中黄河干流评价河长 3 613.0 km，支流评价河长 9 615.4 km。评价结果表明，满足Ⅲ类水质河长 5 296.9 km，Ⅳ类水质河长 3 167.4 km，Ⅴ类水质河长 644.2 km，劣Ⅴ类水质河长 4 119.9 km。2005 年黄河流域河流水质污染现状见图 7-3。

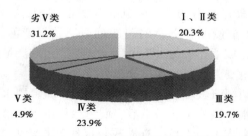

图 7-3　2005 年黄河流域河流水质现状

7.1.1.3　国民经济和生态需水预测

国民经济需水分流域内和流域外两部分。流域内国民经济需水是在充分考虑经济社会发展规模的基础上进行预测的；流域外需水按照以供定需的原则确定，不进行预测，目前流域外用水主要有河南、山东工农业用水和向河北、天津补水，2010 年以后计划向流域外供水的地区为甘肃的"引大济西"、山西的"引黄入晋"，以及引黄入河北、天津、河南、山东等。生态需水包括汛期输沙输水、非汛期生态基流、水土保持用水和下游河道蒸发渗漏水量四个方面。不同水平年黄河水资源供需平衡预测见表 7-1（已考虑生态低限需水量 210 亿 m³）[7]。

表 7-1　不同水平年黄河水资源供需平衡预测　　（单位：亿 m³）

项　目	2010 年	2030 年	2050 年
总供水量	690	690	690
总需耗水量	730.37	799.85	850.14
缺　水　量	40.37	109.85	160.14

通过总供给与总需求之间的平衡计算，可以看出未来黄河流域的缺水形势是相当严峻的。在黄河流域水资源日益稀缺和我国市场经济体制逐步完善的今天，建立和完善黄河流域水权制度，明晰水资源产权，利用水市场和政府宏观调控手段实现黄河流域水资源的优化配置，提高水的利用效率，缓解水的供需矛盾是十分必要的。

7.1.2　影响水权分配和交易的两个问题

（1）含沙量高，水沙异源。黄河多沙，举世闻名。多年平均沙量为 16亿 t，河川径流每立方米含沙量平均达 35 kg，在国内外大江大河中居首位。黄河河川径流地区分布极不均匀。上游径流量占全河的 54%，而来沙量仅占全河的 9%；中游径流量占全河的 43%，而来沙量却占全河的 90% 以上，占全河输沙量的 55%；下游为地上悬河，支流汇入较少，径流量仅占全河的 3%[7]。上游的严重侵蚀和下游的泥沙沉积导致下游河床高于周围的平原，这给邻近地区造成了严峻的洪涝风险。维持恰当的流量用于冲洗泥沙对解决这一问题至关重要，因而对水权分配有较大影响。

（2）城镇化。黄河流域城镇化发展异常迅速，城镇用水主要是工业、生活、城市绿化等用水，城镇工业、生活、城镇绿化用水的增加，导致了黄河流域农业以外用水和需求的增长。有人曾建议在没有额外水资源的情况下，有必要对水资源进行重新分配，以满足日益增长的城市需求。然而，这些建议必须与维持黄河流域农业发展的需求达成平衡，因为黄河流域属干旱、半干旱地区，一部分属老少边穷、多民族地区，社会稳定是头等大事，农业还是其主要收入和生活来源。

7.1.3 黄河流域水资源分配现状

7.1.3.1 黄河流域水资源分配准则和程序

黄河水利委员会（以下简称黄委）根据国务院《取水许可制度实施办法》和水利部《取水许可申请审批程序规定》，划分内部分级管理权限，制定了《黄河取水许可制度实施细则》等规范性文件，并在流域内组织开展了取水许可登记、审批、发证和年审工作。对管理范围内所有地表水和用于工业及城镇生活的地下水取水户换发了取水许可证。

1）黄河水量分配准则和程序

a. 黄河水量分配准则

黄委依据 1987 年国务院批准的《黄河可供水量多年平均分配方案》（以下简称《分配方案》）（见表 7-2），实施对各省区进行分水，要求各省（区、直辖市）、各部门以该《分配方案》为依据，制定各自的用水规划。该《分配方案》是按照 2000 年水平国民经济发展规模制定的黄河可供水量相平衡的水量分配方案，它以各省（区）1980 年实际用水量为基础，适当考虑灌溉发展规模、工业和城乡生活用水增长及大中型水利工程兴建的可能性；同时，其需耗水量，农业灌溉按 75% 的保证率考虑，工业用水按 95% 的保证率考虑。

表 7-2 黄河可供水量多年平均分配方案（南水北调生效前） （单位：亿 m³）

省（区）	青海	四川	甘肃	宁夏	内蒙古	陕西	山西	河南	山东	河北天津	合计
年耗水量	14.1	0.4	30.4	40.0	58.6	38.0	43.1	55.4	70.0	20.0	370

在《分配方案》的基础上，按照 1998 年经国务院批准由国家计委和水利部颁布的《黄河可供水量年度分配及干流水量调度方案》（见表 7-3），作为正常年份黄河水量年度分配的控制指标。

根据不同年份天然来水量预测及水库调节情况，考虑河道输沙用水要求，确定年度全河可供水量；按照正常来水年份可供水量分配指标与年度实际可供水量比例，确定各省（区）年度分配控制指标，各月份分配指标原则上同比例压缩。黄委每年 10 月份制定黄河水量年度分配和干流水量调度预案，并报水利部审批。年度水量分配时段为当年 7 月至次年 6 月，年度干流

表 7-3　正常年份黄河可供水量年内分配指标

（单位：亿 m³）

省区	7月	8月	9月	10月	11月	12月	1月	2月	3月	4月	5月	6月	7~10月	11~6月	全年
青海	1.763	1.733	0.850	1.292	2.235	0.167	0.167	0.167	0.791	1.144	1.969	1.822	5.638	8.462	14.1
四川	0.034	0.034	0.033	0.034	0.033	0.034	0.034	0.030	0.034	0.033	0.034	0.033	0.135	0.265	0.4
甘肃	4.043	3.222	1.839	2.326	3.344	0.371	0.371	0.334	2.468	2.639	4.843	4.600	11.430	18.970	30.4
宁夏	6.594	3.438	0.969	1.029	3.886	0.092	0.092	0.092	0.092	3.282	11.436	8.998	12.030	27.970	40.0
内蒙古	8.623	2.492	7.392	11.395	0.517	0.535	0.535	0.483	0.535	0.827	14.383	10.883	29.902	28.698	58.6
陕西	3.952	4.408	1.782	2.386	3.450	2.907	2.466	1.877	4.341	4.112	2.405	3.914	12.528	25.472	38.0
山西	4.458	5.669	2.940	0.756	3.060	2.237	2.041	1.197	6.210	5.749	4.814	3.969	13.823	29.277	43.1
河南	5.582	6.773	4.487	3.656	1.551	1.053	1.163	4.100	6.593	5.872	6.759	7.811	20.498	34.902	55.4
山东	2.562	3.640	6.111	5.467	2.170	5.320	1.309	4.340	12.390	13.307	9.289	4.095	17.780	52.220	70.0
河北、天津	0.000	0.000	0.000	0.000	5.000	5.167	5.167	4.666	0.000	0.000	0.000	0.000	0.000	20.000	20.0
合计	37.611	31.409	26.403	28.341	25.246	17.883	13.345	17.286	33.454	36.965	55.932	46.125	123.764	246.236	370.0

水量调度时段为当年 11 月至次年 6 月。

水资源优先利用的原则是：在优先满足输沙用水和生态环境用水的低限需水量前提下，首先满足城乡居民生活用水，统筹兼顾农业、工业用水和航运需要。在水资源不足地区，应当限制城市规模和耗水量大的工业、农业的发展。当水资源不能满足农业灌溉要求时，各省（区）按照均衡承担缺水损失的原则，削减其原分配的灌溉水量，共同承担缺水损失。

黄河水量分配的原则是：国家统一分配水量，省（区）负责配水用水、流量断面控制，重要水利枢纽统一调度。

b. 黄河水量分配程序

黄河流域水资源分配一般分两个层次，一是以黄河流域为单元，将水资源的使用权分配到各省区；二是各省（区）依据水量分配方案，通过行政许可把水资源的使用权进一步向下配置。黄河流域采用取水许可制度，其一般程序如下：取水许可预申请、受理与审查、取水许可申请、受理与审批、复议、发给取水许可证。

c. 各省区水资源的分配准则和程序

各省区水量分配准则。根据黄河流域 9 省（区）的取水许可制度安排，各省区的黄河水分配准则均须符合流域综合规划、中长期供需计划，兼顾上下游、左右岸和地区之间的利益，遵守经批准的水量分配方案或者协议。具体到不同的省（区），在进行水量分配时又有所差异。对于不同的取水类型、取水量及取水许可证审批、发放，各省（区）也有一定差异。

各省（区）水量分配程序。黄河流域各省（区）均采用了取水许可制度，其一般程序与黄河水量分配程序相同。

d. 黄河下游（河南、山东）对黄河水的订单供水

根据《黄河下游订单供水调度管理办法》（试行），黄河三门峡水库以下干流河段，即黄河下游河段实行订单供水。订单供水实行总量控制，以供定需，逐级审批，分级管理，分级负责。其程序为：订单申报、订单审批、订单实施、订单结算与公布。

2）黄河流域地下水的分配准则和程序

黄河流域 9 省（区）对地下水的分配许可、程序等管理，情况大体上相似，依据的都是 1993 年中华人民共和国国务院第 119 号令颁发的《取水许可制度实施办法》，现仅以甘肃省为例进行说明。凡利用水工程或者机械提水设施直接从地下取水的一切单位和个人，必须依照《取水许可制度实施办法》和甘肃省的实施细则申请取水许可证，并依照规定取水（不需要申请或

者免于申请取水许可证的情形除外）。省、地、县级水行政主管部门负责所
辖行政区域内取水许可制度的组织实施和监管工作。各级水行政主管部门依
照分级管理权限，对取水单位和个人，统一发放取水许可证。地下水取水许
可不得超过本行政区域地下水年度计划可采总量，并应当符合井点总体布局
和取水层位的要求。县级以上水行政主管部门应会同地质矿产行政主管部门
确定本行政区域的地下水年度计划可采总量、井点总体布局和取水层位；对
城市规划区地下水年度计划可采总量、井点总体布局和取水层位，还应当会
同城市建设行政主管部门确定。在地下水超采区，应当严格控制开采地下
水，不得扩大取水等等。

　　3）存在的主要不足

　　黄河流域存在着缺乏用水计量，缺少对流域环境分水的适当法规，缺乏
强有力的约束机制和手段，用水效率不高等问题。Steve Beare 等对黄河流域
水配置与管理的政策制度进行研究后认为[153]，如果不向高产值用水转向，
特别在枯水年份，在黄河流域以及其有关地区进行可持续的、公正的、高效
的用水，将会严重地限制该地区农业和经济的发展。

7.1.3.2　黄河流域水权分配体系与管理机构现状及存在的主要问题

　　黄河流域水权分配主要分两种情况，一是对黄河水（包括干流和其支
流）的分配，二是流域内各省区对地下水的分配。这两种情况的水权分配体
系和管理机构现状如下。

　　1）黄河水的分配体系和管理机构现状

　　黄委是水利部的派出机构，负责黄河流域取水许可制度的组织实施和监
管。黄委内部具体负责黄河水分配的部门为水调局。在流域这一级的黄河水
资源分配体系与管理机构见图 7-4。

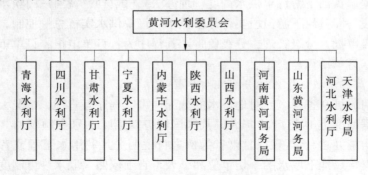

图 7-4　流域级黄河水资源分配体系组织结构图

　　各省区具体负责的部门不尽相同。河南省与山东省具体负责的单位情况基本类似，黄河干流的水分别由河南黄河河务局、山东黄河河务局负责，黄河支流的水由两省水利厅负责；其他省区，无论是黄河干流或是支流，一般情况下由各省区的水利厅负责，并由其水利厅的水政水资源处具体负责，但青海省由水利厅办公室负责。

　　由于河南省与山东省的情况基本上一样，现仅以河南省为例进行说明。河南黄河河务局主要把黄河干流的水分配给豫西地区等 6 地市的黄河河务局（见图 7-5）。

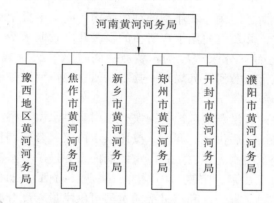

图 7-5　河南省级黄河水资源分配体系组织结构图

　　为适应黄河水量统一调度工作的需要，河南黄河河务局由上到下各级均成立了相应的水调管理机构。市级组织管理机构主要把黄河水资源分配给所属的县局或涵闸。现以新乡市为例进行说明（详见图 7-6）。

图 7-6　新乡市市级黄河水资源分配体系组织结构图

　　县局的主要职能与市局大致相同，只是职责范围限于县局区域。现仅以封丘县为例进行说明（见图 7-7）。

　　各闸门依据上级批准的黄河水量分配方案，编报辖区黄河水供求计划和水量调度方案，并负责向所属灌区实施分水和监管，负责闸门等国有资产的监管等。

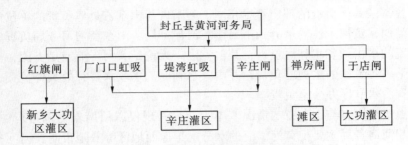

图 7-7　封丘县黄河水资源分配体系组织结构图

灌区依据旱情、定额、农作物的种植结构，向上申报用水计划，灌区对用水户直接供水，并负责向用水户所在的乡级政府收取水费。

黄河水自上而下分水程序为：黄委—省（区）级（或省级黄河河务局）—市级（或市级黄河河务局）—县级（或县级黄河河务局）—各涵闸—灌区用水户。

在下游豫鲁两省沿黄地区，普遍实行了引黄供水协议书制度，由用水户和供水户先签协议、后供水。同时，按照供水协议，合理调整了小浪底水库泄流，逐步改变了引水无序、浪费严重的局面，促进了节水型社会建设。

青海、四川、甘肃、宁夏、内蒙古、陕西、山西、河北、天津等由省（区）水利厅（局），根据水利部批准的黄河可供水量年度分配计划、非汛期干流水量调度预案及黄委下达的干流水量月、旬调度方案，合理安排本省（区）配水，并做好辖区内的水量调度监管工作，按要求保证省界断面的下泄流量。河北省、天津市水利厅（局）负责编制冬季 4 个月（11 月～次年 2 月）引黄计划，以及辖区内的输水工作。

甘肃省的水量分配管理机构为：甘肃省水利厅—地级市（或自治区）水利局—县水利局—灌区—用水户，甘肃省水利厅把水分到兰州市、甘南藏族自治州等 9 个地级市（或自治区）水利局，地级市（或自治区）再把水向下分给有关县、区，各个县把水分给各个灌区，各个灌区把水分给每个用水户。

青海省的分配管理机构与甘肃省相似，但机构名称与其他省区不同的主要有两点：一是大约 90％的地级市与县级水行政主管部门的名称为水务局，而不是水利局；二是大部分与用水户直接联系的基层水管单位名称为水管站，而不是灌区。

陕西省的分水情况有两种：一种情况是，陕西省水利厅把分得的黄河干流的水分给渭南市水务局，该水务局再把水分给东雷一黄、东雷二黄、港口抽黄等三个灌区，这三个灌区直接把水分给用水户；另一种情况是，陕西省水利厅把黄河的一级支流——渭河的水，直接分给宝鸡峡等三个灌区，灌区直接把水分给用水户。

山西省水利厅把分得的黄河干流的水分给万家寨引黄工程和运城市水务局，万家寨引黄工程再把水分给太原市水厂（用水户），运城市水务局把水分给十几个泵站灌区，这些泵站直接把水分给用水户。

宁夏水利厅把分得的黄河干流的水分给美利渠等10个渠管理处，渠管理处把大部分水直接分给用水户，其中一少部分水分给县水务局，由县水务局再把水分给用水户。

内蒙古水利厅把分得的黄河干流的水，一般70%以上分给了内蒙河灌总局、20%以上分给包头等5个地级市和电厂（大的用水户），这些地级市的具体负责机构为市水利局或水务局。内蒙河灌总局把水分给解放闸等5个灌域管理局，灌域管理局继续把水分给所属的管理所和20多个农场（用水户），管理所再把水分给用水户协会（大约占60%）、承包类或公司类等各类供水组织，这些组织把水直接分给用水户；包头等5个地级市把水分给所属的县（或旗、区），县（或旗、区）再把水分给用水户协会等各种供水组织，最后把水直接分给用水户。

由于四川省没有引用黄河干流的水，本书在此不再单独说明其分水体系与管理机构等情况。

2）黄河流域内各省区地下水管理体系现状

黄河流域9省（区）对地下水管理体系情况大体上相似（但青海省的地下水管理目前仍由该省的各级国土资源行政管理部门管理，而非省水利厅管理），现仅以甘肃省为例进行说明。其管理体系为省、市、县三级水行政主管部门以及相应的地质矿产行政主管部门、城市建设行政主管部门。分别为：甘肃省人民政府、甘肃省水利厅、市县水利局，各级水行政主管部门依照分级管理权限，负责所辖行政区域内取水许可制度的组织实施和监管工作。县级以上水行政主管部门会同地质矿产行政主管部门确定本行政区域的地下水年度计划可采总量、井点总体布局和取水层位；对城市规划区地下水年度计划可采总量、井点总体布局和取水层位，会同城市建设行政主管部门确定。地下水超采区和禁止取水区的具体范围，由省级水行政主管部门会同地质矿产行政主管部门划定，报省人民政府批准；涉及城市规划区和城市供水水源的，由省级水行政主管部门会同同级地质矿产行政主管部门和城市建设行政主管部门划定，报省政府批准。

3) 目前黄河流域水资源分配体系和管理机构存在的主要问题

黄河的分水制度目前仍很不完善，现行分水体系有几个明显缺陷：第一，缺乏沟通、参与和协商等形式的利益整合机制；第二，水权再分配主要依靠的是行政手段，虽然出台了黄河流域某区域内的黄河水权转换管理办法，但对于黄河流域内各区域间和全面利用市场配置水权的机制还未形成；第三，就黄河水资源分配体系而言，当前黄河水管理体制不利于水权制度的建立及实施，其中部门分割是黄河水资源管理的致命弊端[154,155]。

水权界定不明确。理论上水资源的使用权归国家或集体所有，实质上为部门或者地方所有，导致水资源优化配置障碍重重。权属管理部门与开发利用部门相互关系职责不清；地表水与地下水的统一管理体制仍未理顺；供水、用水、排水（包括排污）三者的管理体制很难协调；水资源的流域性和完整性被人为破坏；水质管理与水量管理相分离；水污染的防治与水资源的保护没有有机结合起来，等等[156]。

7.1.4　黄河流域水权交易现状

黄河流域水权交易实践，主要有黄河水权转换与流域内各省区水权转让两类。

7.1.4.1　黄河水权转让现状

目前，黄河水权转让还处于理论和实践上的探索阶段，若要建立完全适合黄河流域的水权转让制度和水权市场，还需要持续不断地进行研究，加大对黄河流域水权转让市场培育的力度。

1) 宁蒙水权转让的背景

宁、蒙两区（宁夏、内蒙古自治区）位于我国的西部，煤炭资源丰富，人均占有量居全国前列。发展火电，将煤炭资源优势转化为经济优势，是宁、蒙两区推进经济社会快速发展的主要实现方式。能源项目大部分都是高耗水的项目，例如采用湿冷方式冷却的火电厂，一台 30 万 kW 机组每年需水约 450 万 m^3。按内蒙古近期拟建设的大型工业项目测算，年用水量将增加 2.2 亿 m^3，宁夏东部能源重化工基地规划至 2010 年需增工业用水 1.9 亿 m^3，其中电厂新增用水 0.9 亿 m^3。可见，如果没有水资源的有力支撑，宁、蒙两区经济社会的快速发展是难以实现的。但宁、蒙两区年平均降水量 300 mm 左右，是全国地表水资源最缺乏的省区。黄河是宁夏全区和内蒙古中西部地区的主要客水资源。宁夏年均取水量 84.8 亿 m^3，其中需取用黄河水 78.9 亿 m^3，占全区总用水量的 98% 左右。

宁、蒙两区水资源短缺除了与水资源总量不足有关之外，还与用水结构不合理、农业灌溉用水浪费严重有关。宁、蒙两区用水比例严重失衡,农业用水占总用水量比例高达 90%~96%。而渠系水利用系数仅约 0.4,有一半多的水在输水过程中浪费掉。宁夏引黄灌区和内蒙古黄河南岸灌区亩均毛用水量高达 1 000 多 m³,是全国平均水平的 2.4 倍。

水资源短缺造成了宁蒙两区经常超指标使用黄河水,内蒙古 1998~2000 年平均每年超引国务院分水指标 5.4 亿 m³。宁、蒙两区解决水资源短缺的传统办法是增加黄河取水,但在整个黄河流域水资源短缺的形势下,增加水资源供给的传统办法走入了死胡同。鉴于宁、蒙两区已无余留水量指标和黄河水资源日益紧张的现实,黄委从 2001 年起,再未同意宁蒙从黄河干流增加取水的要求,未来两区发展已不可能再把增加用水的希望寄托于增加黄河水的配置。为积极探索以市场手段优化配置黄河水资源的途径,提高黄河水资源利用的效益和效率,从根本上解决宁、蒙两区的沿黄地区经济社会快速发展中的水资源制约问题,经黄委同意,分别于 2003 年 4 月、9 月在宁、蒙两区正式开展了水权转换试点工作。

2)宁蒙水权转让实践

2003 年 4 月 1 日,黄委印发了《关于在内蒙古自治区开展黄河取水权转让试点工作的批复》,同意通过对杭锦灌区的节水改造,把节约的水量有偿转让给达拉特发电厂四期工程用水。需水企业现已与水权转让方——内蒙古黄河工程管理局和鄂尔多斯黄河南岸灌溉管理局签订了水权转让协议。按照协议的规定,达拉特发电厂四期扩建工程总投资 8 640.89 万元,工程竣工后,企业可以获得每年 2 275 万 m³ 的用水量,转让期限为 25 年;鄂尔多斯电力冶金有限公司电厂一期工程总投资 8 847.38 万元,工程竣工后,企业可以获得每年 2 126 万 m³ 的用水量,转让期限为 25 年。据了解,鄂尔多斯市的其他 7 个工业项目也已与当地水利部门达成水权转让的意向。

2003 年 9 月 3 日,宁夏水利厅正式向黄委报送了《关于近期工业项目用水开展水权转让试点工作的请示》。黄委发文同意宁夏通过对青铜峡河东灌区和河西灌区进行节水改造,把节约的水量有偿转让给大坝电厂(三期)和马莲台电厂。2003 年底,宁夏灵武电厂与宁夏水利灌溉管理局签订水权转让协议,灵武电厂将预计投入节水工程 4 464 万元,工程竣工后,企业可以获得每年 1 443 万 m³ 的用水量,转让期限为 25 年。2004 年 1 月 2 日,宁夏水利厅灌溉管理局分别与宁夏大唐大坝第二发电有限责任公司、宁夏发电集团有限责任公司就大坝电厂三期扩建工程、马莲台电厂工程签订了黄河取水权有偿转让协议。大坝电厂三期扩建工程总投资 4 932.7 万元,工程竣工后，企业可以获得每年 1 800 万 m³ 的用水量，转让期限为 25 年。马莲台电厂工程总投资 5 760.9 万元，工程竣工后，企业可以获得每年 2 149 万 m³ 的用水量，转让期限也是 25 年。宁夏水权转让的三个试点方案进入实施阶段。

为规范水权转换审批权限、程序，保障水权转换效果，2004 年 5 月 19 日水利部下发了《关于内蒙古宁夏黄河干流水权转换试点工作的指导意见》，成立了指导小组，具体指导两区水权转换试点工作。为促进水权转换，2004 年 6 月 30 日黄委制定并发布了《黄河水权转换管理实施办法（试行）》。

3）宁蒙水权转让的启示

水权转让试点的实施在统筹地方经济发展的基础上，通过工业投资节水工程、农业受益的办法，调整工业用水和农业用水的水权，促进了节水型社会的建设。目前，5 个水权转让试点部分节水改造工程已经开始施工，共投资 3.26 亿元，共转让水量 0.98 亿 m³。水权转让推动了水资源的优化配置和供水市场化管理。

（1）宁蒙水权转让的有益启示。提高了水资源的利用效率和效益，推动黄河流域内区域水市场的形成；行政配置和市场配置相结合实现水资源的优化配置；为缓解黄河流域水资源短缺矛盾提供了新思路——水权转让；明晰初始水权是水权转让工作的前提；在水资源总量难以增加的情况下，解决工业和城市发展用水问题，只能从实际出发，改变现有水资源利用格局，调整用水结构，从宏观上提高水资源的配置效率，从微观上提高水资源的利用效率，确保流域经济社会发展的用水需求。

（2）宁蒙水权转让的局限性。转让程序仍需完善，宁、蒙水权转让仍处于实践探索之中，需要制定相应的政策措施，对水权转让的实践予以指导和规范，然后逐步建立完善的法律法规体系来规范水权转让行为。转让区域限制性较强，宁、蒙水权转让主要在本区域内不同行业之间进行，从长期看这种转让有很大的局限性，经济社会的发展急需跨区域的水权转让，需要进一步发挥流域机构在水权转让中的作用，加快流域水权市场建设的步伐，培育流域和区域两级水市场体系。

7.1.4.2　黄河流域（片）各省（区）水权转让现状

由于黄河流域（片）各省（区）水权转让的情况相差较大，不少省区还没有水权转让的实践，即使有水权转让的省区目前也是处于试点阶段，现就了解到的甘肃省张掖市用水户层次的水权转让情况简述如下[154]：

（1）转让的背景。甘肃省张掖市是我国水资源最为缺乏的地区之一。近

50 年来，由于用水量迅速增加，导致黑河尾闾湖泊东居延海完全干涸，变成了我国三大沙尘暴源头之一。由于没有明晰的水权，导致当地农民用水的浪费。张掖市水资源短缺除与水的总量不足有关外，还与水资源使用的低效率有关。张掖市的水权转让是在不增加水资源总量的条件下，通过明晰初始水权，在区域内部进行的用水户之间的水权转让。

（2）转让的实践。2001 年 8 月，张掖市在洪水河灌区开展试点。民乐县洪水河灌区是依托水库进行自流灌溉的灌区，现有灌溉面积 32.2 万亩，灌区人口 9.7 万人，人均耕地面积 3.6 亩，年用水量 1.1 亿 m³。2001 年 10 月，洪水河灌区发放了水权证（有效期 5 年），分配了初始水权，之后灌区内部开始有水权交易发生。张掖市将总量控制和定额管理两套指标体系作为水权制度建设的基础，将城乡一体作为水资源统一管理的体制，把公众参与和水权交易作为水权制度的运行机制。张掖市在水权制度改革中，在确定全市的水权总量后，由政府进行严格的总量控制；定额管理则是依据水权总量，核定单位工业产品、人口、灌溉面积和生态的用水定额。对农户来说，在人畜用水以及每亩地的用水定额确定后，根据每户人畜量和承包地面积分到水权，而节约下来的水就可以通过水票有价转让。

（3）张掖市水权转让的有益启示。改善了生态环境，干涸达 10 年之久的黑河尾闾湖泊东居延海已是碧波荡漾；提高了灌溉效率，通过水权交易，不但灌区内所有地都有水可浇，水实现了总量控制下的动态平衡，而且大大节水，提高了灌溉效率，与以前相比整整减少用水 10×10⁴ m³；为当地水市场的建立提供了实践经验。

（4）张掖市水权转让的局限性。范围较小；交易缺乏灵活性；水权转让价格较低；水权期限较短。

7.2　黄河流域水权制度构架

根据第 3 章的研究成果，黄河流域水权制度体系建设也应由正式制度、非正式制度以及实施机制三部分组成。鉴于黄河流域水权制度建设应符合我国的水资源所有权制度、所有权与使用权相分离制度等规定，以及黄河流域水权及其界定与其他流域相比不具有特殊性等，在此不再进行详细论述。本章主要根据黄河流域的特性，分析水资源的配置制度、交易制度、监管制度等。

7.2.1　所有权以及行政管理权

黄河流域是一个从源头到河口的天然集水单元，是一个完整的生命系统，目前黄河水资源由于缺少统一的综合管理，使得黄河流域出现了严重的生态环境问题，而且呈现出越来越明显的流域特征。我们应将黄河流域视为一个完整的生态社会经济系统，即把流域内自然条件、生态环境、自然资源和社会经济看成相互作用、相互依存和相互制约的统一体。水资源是这个统一体的基础，因此，我们应在认真研究黄河流域生态、经济、社会等方面特点的基础上，将黄河水资源的可持续利用纳入到整个黄河流域可持续发展的框架中。

黄河流域水资源的所有权属于国家，黄河流域水资源的行政管理权，应是将黄河流域的上、中、下游，左岸与右岸，干流与支流，水量与水质，地表水与地下水，治理、开发与保护等作为一个完整的系统，将兴利与除害结合起来，并根据我国宏观经济的产权管理模式，运用行政、法律、经济、技术和教育等手段，对黄河流域进行水资源的统一协调管理。所以，我们应以黄河流域为单元组建管理委员会，并经国家授权，对黄河流域的水权分配、水权交易、水权监督进行统一管理和制度建设，这样的管理与监督体系应是一体化垂直管理。否则，流域内各省区的各级地方政府，往往会侧重本区域利益，各自为政，导致统一管理成为一句空话。

7.2.2　黄河流域水资源使用权制度

7.2.2.1　目标和水资源使用权的界定

（1）目标。以黄河流域为单元建立水资源使用权制度，这一制度框架应是：以"以人为本，人与自然和谐统一共同发展"为目标，以"科学的发展观"为改革思维框架，建立水资源的使用权制度（包括分配）。

（2）水资源使用权的界定。初始水权可划分为自然水权（生态环境水权）与国民经济水权（生活、生产）两部分。根据黄河流域的特点，黄河干流自然水权主要包括：黄河干流生态需水包括汛期输沙输水、非汛期生态基流、水土保持用水和下游河道蒸发渗漏水量四个方面；流域内各区域生态环境用水是指人为措施调配的水量，它包括城镇环境用水（含河湖补水和绿化、清洁用水）和农村生态补水（指对湖泊、洼淀、沼泽的补水）；用于生态环境的地下水。国民经济水权中，包括河道内和河道外生活、生产用水，以及政府预留水权。

7.2.2.2　黄河流域一般性水权制度建设的讨论

因为黄河流域与其他流域相比，主要特点是多泥沙和缺水。在第 3 章已经研究了的用水总量宏观控制和用水定额制度、水权分配协商制度、行政配置与市场配置相结合制度、政府预留水权制度、水权登记和水权拥有者权利保护制度、蓄水权制度、用水管理制度、水资源可持续利用管理制度和服从国家防洪的总体安排等等,在此不再对流域一般性水权制度建设进行分析。以下针对黄河多泥沙和黄河流域缺水等主要特点着重研究其生态环境用水制度等。

7.2.2.3　生态环境用水制度

黄河径流的高泥沙含量举世闻名,为保证黄河的河道不致萎缩,需要安排汛期冲沙水量。西北内陆地区气候干旱,生态环境十分脆弱,必须优先保证生态环境用水,以维持荒漠绿洲的生存环境。为维持黄河流域内生态环境的健康发展,必须制定和实施生态环境用水量管理制度,以保障河道汛期输沙水量、枯季河川基流、湿地、水生物等环境用水。黄河干流和重要支流的环境流量由黄河流域水权监管机构提出,报国家水权监管机构批准并公布。生态环境用水量的技术标准由黄河流域水权监管机构和国务院环境保护行政主管部门共同制定。生态环境用水量标准应作为流域水权监管总体规划的一部分。大坝和水库的运用应服从具体的环境流量的要求。

7.2.2.4　用水管理制度

用水管理制度主要包括:各类用水户用水的规范性规定;用水大户与社会公益用水权的配水机制;保障救灾、医疗、公共安全以及涉及卫生、生态、环境等突发事件的公共用水制度;水能、水温、航道及水面使用权的配置制度;干旱期动态配水管理制度及紧急状态用水调度制度,规定特殊条件下水量分配办法,对特殊条件和年份(如枯水年、丰水年)各类用水水量进行调整和分配等;取水许可与水资源有偿使用制度;节约用水、水资源与水环境保护制度。

7.2.2.5　黄河流域水资源可持续利用和论证制度

黄河流域水权使用应符合水资源可持续利用制度,必须遵循黄河流域规划、水资源规划和黄河流域水中长期供求规划。国家对黄河流域水量实行统一分配、以供定需(因为黄河流域属缺水流域)、分级管理、分级负责和合理安排城乡居民生活、农业、工业与河道输沙及生态环境用水的原则进行立法,以防止黄河断流。

水资源可持续论证制度。黄河流域内省(区)、市(地)、县(市)级国民经济和社会发展规划、城市总体规划的编制,重大建设项目布局,以及新建、改建、扩建取水工程,都应当进行水资源专项论证,并由具备相应资质的专业部门编制水资源专项论证报告书。由各省(区)水行政主管部门和黄河流域水权监管机构审查的水资源专项论证报告书,必须报黄河流域水资源管理机构批准。水资源专项论证报告书应当包括发展或建设规模、当地水资源条件、供水水源地情况与选择、用水合理性分析、供水工程建设计划、节约用水措施和水资源保护措施、当地防洪要求及对防洪的影响等方面的内容。

7.2.2.6　黄河流域部分水资源使用权制度的安排简析

目前我国的《水法》、《水污染防治法》等水法规的某些条款，已不适应水权分配和交易制度建设的需要，甚至个别条款还有障碍作用，因此，对其要尽快修改，为建立统一规划、统一调配、统一发放取水许可证、统一征收水资源费、统一管理水量和水质、分级负责的黄河流域水资源管理体制，并明确划分职责和权限，提供法律依据。为明确黄河水资源统一管理、统一调度中迫切需要的一些规章制度和办法，尽快制定并颁发《黄河水资源管理和保护条例》。将《黄河法》的制定列入国家的近期立法计划，尽快出台。在贯彻实施《取水许可制度实施办法》、《水资源费征收管理办法》、《水污染防治法实施细则》等行政法规的同时，加快经济立法进程，实行以法管水，以调动公众的节水积极性，为水资源管理中行政手段和经济手段的顺利实施保驾护航。在水量分配与调度方面、取用水管理方面提出以下法律条款建议。

1）部分水权配置制度的安排

可供水量分配方案的编制。根据宏观总量控制指标体系和微观定额管理指标体系，以黄河流域水资源综合规划为基础，以经济效益、社会效益、环境效益和生态效益最大为目标，由黄河流域水权监管机构与有关省（区）人民政府协商，共同编制黄河流域地表水与地下水可供水量分配方案。

可供水量分配方案的确认。根据黄河流域内各省（区）之间协商达成的成果，黄河流域水权监管机构代表国务院或水利部，对编制的可供水量分配方案进行最终评估与确认，然后依法报国务院或水利部批准，经批准的黄河流域可供水量分配方案，黄河流域水权监管机构与有关省区及其地方人民政府必须执行。

年度可供水量分配方案的制定。黄河流域水权监管机构应当根据批准的黄河流域可供水量分配方案和年度预测来水量、水库蓄水量、地下水状况，综合平衡有关省（区）申报的年度用水计划和重要水库运行计划，按照同比例"丰增枯减"的原则，并对多年调节水库按"蓄丰补枯"的原则统筹兼顾，制定年度水量分配方案；有关地方人民政府以及地下水管理部门和水库管理单位必须执行[157]。

年度水量分配方案指标外用水。一般情况下，在年度水量分配指标外用水的应通过水市场解决。属于居民新增生活用水或国家鼓励发展的行业用水,应首先在各省(区)的政府预留水量里解决,凡是在本省(区)政府预留水量里解决不了的,应当由省(区)人民政府向黄河流域水权监管机构提出申请,黄河流域水资源科研机构(受黄河流域水权监管机构的委托)根据黄河流域地表水与地下水的水量情况,会同有关省(区)提出实施方案,依法报黄河流域水权监管机构,经批准后组织实施。

紧急干旱期黄河水权分配。在紧急干旱期,各级人民政府应当按照经批准的旱情紧急情况下水量配置预案,合理安排各用水户的用水计划。首先必须解决城乡居民生活用水,应尽量满足,可实行定时、限量供水;其次再考虑对农作物生长所需的低限供水和对经济社会影响很大的其他行业的低限供水,以使社会稳定与可持续发展;第三对经济社会影响较小和耗水量大的工业用水户,可采取措施实行限产或停产。

2)部分取水许可方面的制度安排

取水许可的批准与实施范围。黄河流域水权监管机构应当制定取水许可审批程序,报国家水权监管机构批准后由各省(区)实施。黄河流域水权监管机构所属管理机构批准的取水和各省(区)批准的取水,均须报黄河流域水权监管机构备案核准。凡在黄河流域内利用水工程或机械设施直接从黄河河道、湖泊、水库或者地下取用水的单位或个人,应当按照黄河流域水权制度规定的实施取水许可制度和水资源费征收管理制度的办法,向黄河流域水权监管机构申请领取取水许可证,并交纳水资源费,获得取水权,并依照规定取水。

取水许可的事权划分。按照水资源产权管理权限,黄河流域水权监管机构根据国家水权监管机构授权的取水许可管理权限,负责黄河流域取水许可制度的组织实施和监管。黄河流域各省区以及各级水行政主管部门,按照分级管理的权限与职责,负责管辖范围内取用地下水、地表水有关取水许可制度的组织实施和监管,并按照水资源产权管理级别与权限等规定,接受黄河流域水权监管机构的领导和监督。

取水许可总量控制与审批程序。黄河流域水权监管机构对各省(区)取用地下水、地表水实行总量控制,取水权的审批必须符合水资源规划,并按照经批准的黄河流域可供水量分配方案,对各省(区)实行总量控制。以此类推,各省(区)对所属市(地)取用地下水、地表水实行总量控制,各市(地)对所属县取用地下水、地表水实行总量控制。省(区)级人民政府水行政主管部门在受理取水(预)申请时,必须报黄河流域水权监管机构进行流域总量平衡，并审核同意；市（地）、县级人民政府水行政主管部门在受理取水（预）申请时，须报省（区）级人民政府水行政主管部门根据本省（区）总量控制实施计划，进行总量平衡审核；黄河流域水权监管机构受理取水许可（预）申请时，必须具有省（区）级人民政府水行政主管部门签署的水量指标分配意见，并实行取水权授予的定期公告制度[157]。

用水定额管理制度。黄河流域用水实行定额管理制度。流域内各省（区）及所属的各级人民政府，应当根据经济社会条件和当地水资源状况，参照国家有关技术标准和技术通则要求，制定本地区各类用水户的用水定额，报黄河流域水权监管机构备核。定额管理是一项强制性管理措施，当用水户超计划、超定额用水时，必须依法采取行政或经济手段予以调控，抑制用水需求，促进节约用水。

7.2.3 黄河流域水权交易制度

黄河流域水权交易应遵循总量控制、余水交易、水资源供需平衡、政府监管、市场调节等基本原则，以及水权交易管理主体、交易主体与客体、水权交易程序、可交易水权的限制、交易委托、水权交易监管、长期水权交易的期限、水权交易公告制度和对第三方补偿制度等与第3章研究的一般流域水权交易制度相比不具有特殊性，这里不再进行分析研究。下面着重针对黄河流域水权交易所的临时水权交易制度，目前的黄河水权转换的长期或永久水权交易制度以及水权交易管理制度等进行分析。

7.2.3.1 临时水权交易制度

1）正式水市场的临时水权交易

临时性水权交易具有单笔交易量小、发生频率高的特点，以简化审批程序，提高水资源的流动性，更适合进行程序化管理。对临时性水权交易实行程序化管理的另一个理由是，临时水权交易的需求往往是用水户由于季节性的水资源短缺引起的，如农户在灌溉期出现用水短缺，而审批制耗时较长，这样，一笔交易即使通过了审批，也可能已经错过了使用期。

另外，就黄河流域目前现状来看，由于先进交易技术还未采用，临时性小额零星的水权交易多发生在各行政区域内的非正式水市场，所以多由地方的水行政主管部门协调、管理。但是，可以预见的是，随着水市场的完善、流域水权交易所的建立，发生在不同行政区划之间的临时性水权交易将日益增多，必须强化黄河流域的统一管理，建立以流域为单元的水权交易体系，并采用目前比较成熟的互联网技术以支持水权交易的实现。因此，应该以流域为单元建立黄河流域水权交易所，由黄河流域水权交易所制定在该流域范围内使用的统一的水权交易规则,该水权交易规则须经黄河流域水权监管机构批准后才能实施。

2)非正式水市场的临时水权交易

由于黄河流域面积较大,地处我国西北地区,在一些偏僻贫穷的农村,很难利用正式水市场尤其是利用互联网技术进行交易,因此,我们应当允许零星的非正式水市场的存在,并作为正式水市场的有效补充,以完善黄河流域的水权交易制度。

7.2.3.2　长期或永久水权交易制度

在2004年颁发的《黄河水权转换管理实施办法(试行)》中明确规定,"原则上水权转换期限不超过25年",实际上是对长期或永久水权交易做了限制。之所以如此,是考虑到了长期或永久水权交易可能产生的幅度大、持续时间长的影响。从表面来看,长期或永久水权交易对河流基流水量的影响,可以通过类似临时水权交易制度,使用比率调节制度加以避免;对环境的影响,可以通过只允许同种用途用水转让,禁止环境用水的交易来加以限制,但是应该考虑到,长期或永久水权交易如果产生负的外部性,则这种外部性是长期的甚至是永久性的。这样,长期或永久水权交易必然牵扯到对第三方的补偿问题,否则,该交易将会受到抵制。另外,长期或永久水权交易所产生的不同于临时水权交易的影响,还在于对出售人或出售地区自身的负面影响。如一个地区长期或永久性地转让一定数量的水资源,是否是建立在对未来人口增长、工农业发展等因素合理预测的基础上?会不会对该地区近期内的发展形成严重的负面影响?因此,长期或永久水权交易在进入交易所进行交易之前,首先要向黄河流域水权监管机构提出交易申请,经科学论证并经批准后方可进行交易。交易达成之后,再由黄河流域水权监管机构按照转换比率对购买者应该获得的水量进行调整,核减或取消原来的取水许可证,颁发新的取水许可证。

也就是说,引起长期或永久水权交易的并非短暂的季节性水资源短缺,而是长期的供求缺口;该交易引起的也不是暂时的水资源调度,而是长期或永久性的水资源分配格局的改变。应实行审批制,经水权监管机构审核批准后方可交易。

7.2.3.3　水权交易管理制度

水权交易的行政管理方式有两种:一种是审批制,即水权交易必须符合流域水权监管机构、水资源研究单位和管理部门、生态环境保护部门等有关单位或部门事先制定的规定和条件,对水权交易经过充分论证后,并经相关部门一级一级的审批，而且还不能对第三方用水户造成影响，方可对买卖双方申请的水权交易进行批复；另一种是程序化管理，即水权交易所根据交易所制定的市场交易规则对买卖双方进行逐笔审核后，方可认定交易能否达成。从各国水权交易的实践来看，临时性水权交易单笔交易量相对较小，但发生频率较高，并且交易产生的外部性的影响很小，适合进行程序化管理。相应地，长期或永久性水权交易具有单笔交易量大、发生频率较小的特点，实施交易后，对水资源可持续利用、生态、水环境、第三方等易造成比较大的甚至是深远的影响，所以应当进行审批制管理。

7.2.3.4　地表水与地下水的相互转换制度

在不构成对水资源、生态、水环境、第三者等影响的情况下，在黄河流域范围内，应建立地表水与地下水相互转换使用的制度、地表水与地下水相互转换后的交易制度。比如，黄河流域内某一区域遇到丰水年等各种原因，应允许用水户将地表水补给到地下水；反过来，若遇枯水年等各种原因，造成地表水非常少，不能满足用水户的需求，用水户可以使用以前存放在地下的地下水。如果用水户每年度分得的地表水或地下水出现剩余，或者是通过采取节水措施后出现剩余，可以将地表水与地下水相互转换后进行交易。另外，地区间的差异性也十分显著地影响着地下水灌溉系统产权制度的创新。地表水与地下水相互转换的制度建设，应充分考虑流域内各地区之间的差异。

7.3　黄河流域初始水权配置和管理

有关初始水权配置的原则，如"以人为本，坚持人和自然的协调与和谐，共同发展"的原则，保障社会稳定和粮食安全原则，非正式约束的习惯用水优先原则，公平与效率兼顾、公平优先的原则，政府预留水量的原则，行政配置与市场机制相结合的原则，广泛参与的政治民主协商的行政计划配置模式的原则等，在第 3 章中已经阐述，黄河流域与一般性流域相比不具有特殊性，因此下文着重针对黄河流域的特性研究初始水权配置的优先位序。

7.3.1　影响黄河流域水权分配的重要因素

（1）水资源供需矛盾尖锐，但农业用水不能轻易被挤占。随着经济社会的快速发展，用水量持续增加，生产、生活耗水量已由 20 世纪 50 年代的 120 亿 m^3 增加到目前的 307 亿 m^3。考虑下游河道汛期输沙和非汛期生态基流低限需水量后，正常来水年份黄河流域可供国民经济最大耗水量为 480 亿 m^3（包括地下水 110 亿 m^3），缺水 40 亿 m^3；在中等枯水年份，缺水将达

100 亿 m³。缺水已成为黄河流域和相关地区经济社会可持续发展的主要制约因素。根据发达国家或地区的实践经验，一般在水资源供需矛盾尖锐的情况下，往往工业用水挤占农业用水。黄河流域的上游属于老、少、边、穷的欠发达地区，没有灌溉就没有农业，粮食安全、民族团结等因素决定了农业用水在一定时期内还不能大量被挤占。工业必须反哺农业，通过投资节水改造、转移农业人口等方式，减少农业用水，以保证工业用水增长需求。

（2）生态环境问题十分突出，相应水量必须考虑。黄河泥沙问题在相当长时期内难以根本解决，历史上形成的地上悬河局面将长期存在，黄河下游防洪难题在于泥沙大量淤积河道，河床不断抬高，防洪形势十分严峻。黄河流域水土流失、水污染，河道生态、自然保护区建设和生物多样性保护等生态环境恶化尚未得到有效遏制，严重的水土流失不仅造成了黄土高原地区贫困，制约了经济社会的可持续发展，特别是大量泥沙淤积在下游河道，使河床不断抬高，成为地上悬河，大大加剧了洪水威胁，为减轻下游河道淤积，必须保证一定的水量输沙入海。

7.3.2　黄河流域初始水权配置优先位序的确定

《水法》第二十一条以用水目的确立的水权优先位序，层次界定不够严谨，可操作性不强，忽视水环境用水等问题。黄河初始水权分配优先位序必须重新确定。

7.3.2.1　各类用水级别的划分

按照第 4 章确定的生活、农业、工业和水质保护、生态环境的用水级别，划分黄河流域的各类用水级别。但针对黄河多泥沙的特点，黄河干流汛期输沙输水、非汛期生态基流、水土保持用水和下游河道蒸发渗漏水量等生态需水，其用水级别可划分为：汛期输沙输水、非汛期生态基流和下游河道蒸发渗漏水量，可界定为确保用水，即平均流量的 10% 是许多水生生物生存的下限，该流量用水必须保证；水土保持用水，可界定为基本情景下的用水，平均流量的 30%（或更多）是水生生物生存的安全值，该流量可界定为基本情景下的用水。依据此方法，估算流域内黄河干流各河段和部分支流的 10% 和 30% 的多年平均天然径流量。

7.3.2.2　以用水目的为标准对初始水权配置优先位序的重新界定

依据第 4 章的研究分析成果，黄河流域初始水权分配优先位序为：确保用水、基本情景用水、高情景用水。

（1）确保用水。主要包括：黄河流域城镇和农村居民生活用水、城镇公共设施用水以及农村确保方案下的牲畜饮水、现状天然生态最低需水、水生物生存下限需水等，河道内平均流量的 10% 的用水必须保证，黄河干流的汛期输沙输水、非汛期生态基流和下游河道蒸发渗漏水量。黄河流域确保用水水量分配层次结构如图 7-8 所示。

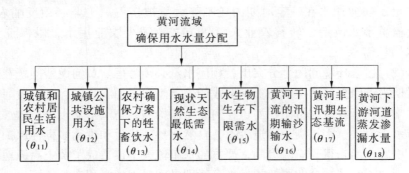

图 7-8　黄河流域确保用水水量分配层次结构

针对黄河多泥沙等特点，在应用层次分析法模型确定黄河流域确保用水水量分配优先顺序时，充分考虑黄河干流生态需水的因素，在确定两两指标相比的重要程度判断值 u_{ij} 建立判断矩阵时，要认真考虑黄河干流的汛期输沙输水（θ_{16}）、非汛期生态基流（θ_{17}）和下游河道蒸发渗漏水量（θ_{18}）的重要程度。

（2）基本情景用水。黄河流域基本情景用水与第 4 章确定的各类用水优先位序一样，只是需要把黄河流域的水土保持用水和河道内平均流量的 30% 的用水考虑进来。

黄河流域基本情景用水水量分配层次结构如图 7-9 所示。

针对黄河多泥沙等特点，在应用层次分析法模型确定黄河流域基本情景用水水量分配优先顺序时，要充分考虑黄河干流生态需水的因素，在确定两两指标相比的重要程度判断值 u_{ij} 建立判断矩阵时，要认真考虑黄河流域水土保持用水（θ_{30}）的重要程度。

（3）高情景用水。水权再次或市场配置的优先位序确定同第 4 章。

7.3.2.3　确定黄河流域初始水权配置优先位序的规则

根据第 4 章确定的黄河流域初始水权配置优先位序规则，在黄河流域初始水权配置的范围上，我们应以地域优先规则进行界定。即以黄河流域为单元分配初始水权，只有黄河流域内和沿河岸的用水户才有获得初始水权的权利。

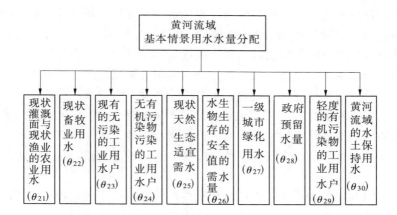

图 7-9　黄河流域基本情景用水水量分配层次结构

　　在保障饮水安全、粮食安全、经济用水安全及生态和环境安全的前提下，根据以用水目的为标准来确定黄河流域初始水权配置优先位序的正式规则，同时兼顾时间优先、地域优先等非正式规则。具体运作方式同第 4 章。

7.3.3　黄河流域水权管理模式与配置体系

7.3.3.1　黄河流域水权管理模式

　　（1）黄河流域水资源产权统一配置、统一调度的管理模式。目前，条块分割、多头管理，即所谓的"多龙管水"的问题依然存在，主要表现在：一是块块分割管理，流域按行政区域分割管理，流域机构管理的法律地位不明确，管理手段和力度不够；二是地表水、地下水分割管理，致使水资源统一管理无法全面实施；三是水量与水质分割管理，水资源的水量与水质相互关联，不可分割，可是水行政主管部门只能管水量，而水质则是由环保部门来管。

　　从多年的实践来看，水资源分割管理的弊端在于：一是不利于黄河防洪的统一规划、统一调度、统一指挥；二是不利于黄河流域水资源统一配置、统一调度，统筹解决缺水问题；三是不利于黄河流域地表水、地下水统一调蓄，加剧了黄河流域部分地区地下水的过量开发；四是不利于解决城市缺水问题；五是不利于黄河流域水资源综合效益发挥；六是不利于统筹解决黄河水污染问题。

　　因此，我们应该并且必须从"多龙治水"过渡到对黄河流域水资源实行统一规划、统一配置、统一调度、统一管理。否则，政出多门，各部门、各地方各行其是，违背水循环的自然规律，就会加剧黄河流域水资源开发中的矛盾，造成对水资源的严重破坏。

黄河流域水资源产权统一配置、水量统一调度的管理模式，应按照流域管理与行政区域管理相结合、统一配置和调度与分级管理相结合的原则进行。黄河流域水资源的所有权由国务院代表国家行使。黄委经国家授权在黄河流域内行使水行政主管部门职责，负责编制黄河流域水资源战略规划，负责黄河流域水资源产权统一配置、水量统一调度，负责黄河流域取水许可制度的组织实施和监管等。黄河流域水资源产权的统一配置与水量的统一调度，应以黄河流域为单元，对流域内的地表水、地下水，城市与农村，水量与水质实行整体性的综合管理。统一配置、统一调度的核心是水资源的权属管理。

（2）对基层引黄灌区或直接与用水户密切关联的供水工程，进行产权制度改革，实行股份制改造。对这一类供水工程与其供水范围的所有与用水户连接的供水渠道工程，作为一个总公司或分公司的资产，进行股份制改造，该范围内的用水户均为该公司的股东，使该供水工程的命运与其所供水的每个用户获得水权以及进行水权交易命运息息相关。对供水工程进行股份制管理的好处：一是打破了供水行业的垄断，以免用水户的经济受到影响；二是解决了类似供水工程的维修、改造、改建等资金问题。实行水权交易后，供水部门认识到他们再也不可能通过国家无偿剥夺农民的水权来得到水资源，会积极地通过改进管理和提高服务水平来增进效益。如果他们仍然可以得到免费的水权，他们就没有激励机制来改进管理。

7.3.3.2　黄河流域水权配置体系和水权统一登记注册技术

1）黄河流域水权配置体系建设

建立一个定义明确的法定水权配置体系，对水权制度的建设十分重要。根据黄河流域水资源管理现状，经对国外有关经验教训的研究，可以看出：黄河流域水权配置体系的建设，应与黄河流域水权制度建设、水资源管理体制的改革、国家经济体制改革总体方案同步，循序渐进地进行改革创新。黄河流域水权配置体系建设的基本思路同第 4 章的分析成果，即纵向分级、横向分类。

纵向分级，即以目前黄河流域的管理层次与权限为基础，以目前黄委与流域内各级行政区的水行政主管部门为依托，在国务院水利部授权的基础上作为国家所有权的代表，掌握水资源的管理权，按照总量控制与定额管理，负责对黄河流域内的水资源进行一次分配（即第一次分配，也可称初始分配，亦即水资源使用权的初始分配，或称第一次取水许可总量的配置），这也是总量控制分配水权的第一层次。这一层次的分配按照河岸权的原则来进行分配，即属黄河流域的水资源归该流域内与沿黄地区（河南、山东）占有使用。在水权初始分配前，首先是确定黄河流域可供国民经济各部门分配的供水总量，并按照"以水定地、以水定产、以水定发展"的原则，确定黄河全流域的总量控制目标。其相关参数包括：黄河流域多年平均水资源可利用总量为 690 亿 m^3，其中河川径流可利用量为 580 亿 m^3，地下水与地表水不重复部分可开采量为 110 亿 m^3；合理安排最基本的生态环境用水量 210 亿 m^3；河川径流可利用量扣除生态环境用水量，可供生活和生产用水的水量河川径流量为 370 亿 m^3。相关参数中还需考虑现状供水工程的最大供水能力，以及考虑水资源量随机变化的实际供水量，并根据各类合理用水定额测算出黄河整个流域的需水总量。当需水总量超过可供水总量时，通过供需分析必须调整和降低各个用水户的用水定额，使用水户通过调整产业结构，或加大节水力度，压缩需水，达到供需平衡。在确定黄河流域水资源可利用总量的基础上，进行第一层次的分配，即根据供水总量并考虑现状用水情况，确定黄河流域各省区水的使用权和取水许可总量。根据沿黄 11 个省级行政区域的气候、自然地理条件、水资源、人口数量、耕地面积、GDP 总产值、产业结构比例、经济技术发展水平、现状用水效率与用水指标、节约用水潜力等综合因素，合理分配区域的用水量。根据正常来水年份可供水量分配指标与年度实际可供水量比例，确定各省（区）年度分配控制指标，各月份分配指标原则上同比例压缩。如：1998 年 7 月至 1999 年 6 月黄河可供水量为 310 亿 m^3，合理分配各省级区域的用水量，具体应该分配多少，可参考表 7-3，依据初始水权分配原则对水权进行配置。

　　横向分类。第一步是行政配置。以目前黄河流域内各级行政区的水行政主管部门为依托，亦即在对现行取水许可制度进一步修订的基础上（1993 年国务院颁发的《取水许可制度实施办法》已不能完全适应当前水权制度建设的需要），在水权初始分配额下达到黄河流域各省区后，由各省区水利厅或同级水行政主管部门根据不同行业、用途提出的用水许可申请，依据国家制定的有关定额与指标对本省区获得的黄河水资源的使用权进行二次分配（使用权分配）。即各省级行政区根据其分配到水的使用权和取水许可权总量，按照上述原则在其辖区内进行二次分配。依此类推，由各省区再分到各地市，再分到各县……对黄河流域内各级行政区水的使用权和取水许可总量进行配置，由上而下逐级层层分解，进行水权的三次分配、四次分配……最后是直接面对各类用水户，即将水权落实到各类用水户，包括灌区、企业、机关事业单位或个人。鉴于目前我国农村供水设施、管理水平所限，可先将初始水权配置到村集体，一旦条件成熟，再将初始水权落实到各类用水户。根据用户的取水申请和相应的用水定额核算其合理的用水总量；汇总后在本流域用水总量限额内协调平衡，最后确定用水户的配水总量和年度计划。第二步，根据黄河流域剩余水量进行拍卖。将可拍卖水量拆分成若干交易单位，选择时间进行拍卖。第三步，各省区或各级地方政府的主拍单位统计拍卖结果，上报流域水权监管机构，统一办理水权证。

在以黄河流域为单元的水资源系统中，各地区、各行业、各部门的用水定额是测算全流域用水总量的基础，同时又是分解总量控制指标、实现总量控制目标的手段。总量控制的调控对象是水权分配和取水许可，定额管理调控的对象是用水方式和用水效率。黄河流域水资源总量控制目标层层分解，制定用水总量分配指标和分行业用水定额，最终落实到每一个用水户，并严格按计划、定额用水，才能真正把用水总量控制在供水总量的范围之内。

在建立黄河流域水权配置体系的基本构架时，应首先考虑在法律上对其中各项权能的责权利进行明确定义与规范，并对其管理、配置、使用、经营、交易（或转让）等一系列活动的管理机制、程序、条件予以明确规定，以便使水资源配置法制化、水资源管理科学化、水资源使用合理化。此外，还应就对黄河流域内未被开发或未被占有的可利用的水资源，通过拍卖方式配置水权。

2）黄河流域水资源产权统一分配与统一登记注册管理应采用网络技术

因黄河流域面积大，同在黄河流域，因所在区域不同，自然条件和水资源状况差异很大，与其他江河不同，黄河流域上中游地区面积占流域总面积的 97%。全流域区域之间的降水量差异很大，如秦岭、伏牛山及泰山一带年降水量达 800～1 000 mm，而宁蒙河套平原年降水量只有 300 mm 左右。黄河流域经济发展水平偏低，由于区域不同，经济发展水平差异很大；由于地貌、气候和土壤的差异，土地利用情况差异很大。同时，黄河上中游地区又是我国少数民族聚居区和多民族交汇地带，也是革命时期的根据地和比较贫困的地区，生态环境脆弱。黄河流域工业与全国相比，仍然比较落后，人均工业产值低于全国平均水平，产业结构不合理，经济效益较低。

因此，针对黄河流域各区域间的自然条件、经济水平、少数民族和多民族等情况与复杂程度差异很大，对黄河流域水权统一配置与管理，还必须统筹兼顾黄河的泥沙问题和下游的防洪、上游水库调蓄和中下游以及各部门用水之间的关系，满足流域环境用水的需求等，对黄河流域初始水权配置提出了更高的要求。虽然黄河流域的水资源产权分配、登记注册由黄委负责管理，各省区的水资源产权分配、登记注册由各省区管理，各市、县、乡、村的水资源产权分配、登记注册由其各级政府的水行政主管部门负责，但管理系统庞大，情况复杂。如果没有一定的技术支持，以黄河流域为单元的水权统一配置与管理很难达到理想的状态。为实现水资源科学合理的统一配置与调度，我们必须对黄河流域水权实行互联网技术管理。

采用互联网技术，可以使黄河流域水权监管委员会及其各级机构及时了解到整个黄河流域的水权管理现状，对水权统一配置、统一调度、水权交易等迅速做出管理决策；可以降低整个黄河流域水权管理的成本；可以加强管理，协调内部关系；扩大用水户信息交流的时空范围，提高时效；使用水户了解整个黄河流域水权交易的即时行情，为用水户进行水权交易提供所必要的信息资料。

7.4　黄河流域水权交易模式和体系

7.4.1　黄河流域水权交易市场模式

根据第 5 章的分析，黄河流域水权交易可以采取场内交易和场外交易两种方式。

7.4.1.1　场内交易

设立的黄河流域水权交易所，其本身属公司制的不以营利为目的的法人，实行会员制，通过吸纳水权公司入会，组成自律性的会员制组织。所谓会员，是指经中国水权监管委员会或黄河流域水权监管机构批准设立、具有法人资格、依法可从事水权交易及相关业务，并取得黄河流域水权交易所会籍的水权公司。黄河流域水权交易所本身不参加交易。水权交易所并不制定水权交易价格，而是通过为水权买卖双方提供公平竞价的环境以形成公平合理的价格。水权交易的最终目的是为了在整个黄河流域内实现水权的最优配置，所以，黄河流域水权交易所设置的宗旨应该是服务于整个流域的水权交易。交易所的选址问题不是十分重要，因为场内交易并非是所有用水户入场交易，而是用水户委托水权交易所的会员——水权公司进行交易，而委托的方式可以通过柜台、网络、电话等通信手段。临时水权交易的可采用互联网交易技术。场内交易的主要程序如下：

（1）交易资格审核。在进入水权交易所进行交易以前，买卖双方必须满足一定的交易资格要求，即买卖双方必须是获得黄河流域水权监管机构批准的并已经是注册的用水户，只有经过批准后方可入场进行委托交易。

（2）委托。经批准可以入场交易的购买者，必须在自己的账户上存入足够的资金。委托的方式根据委托人的资金额度进行委托买卖；急需用水者可选择市价委托；通过节水工程获得多余水权而希望通过交易获利的，可以使用限价委托。

（3）竞价。所有的交易都由设置在交易大厅的系统终端输入委托，交易所会员也可以利用办公室的终端输入委托。所有的交易都由电脑按照"价格优先、时间优先"的原则自动撮合，还可以补充"数量优先"这一原则。这里的数量优先是指委托量较小的水权交易者可以获得优先交易的权利，其目的在于保护规模较小的用水户的利益。在水市场发展的初始阶段，考虑到交易规模可能不会太大，所以可以在一周内选择若干天进行集中竞价，具体的竞价频率应视交易量的变动而进行调整。

（4）审核交易和交割水量调整。交易达成后，若属长期或永久水权交易，买卖双方将按照指定格式书写的转让协议，递交黄河流域水权监管机构或其分支机构审核，主要审核交易的合法性，并按照比率交易原则调整交割水量，核减或注销原有的取水许可证，颁发新的取水许可证。对于长期或永久水权交易来讲，流域水权监管机构还要指定补偿计划并实施；若属临时交易，受委托的水权公司可即时让买卖双方办理交割，即可把实际交易的结果打入买卖双方各自的账户上。比如，可把交易的水量打入买方的水权账户上，同时把将资金打入卖方的资金账户上。

7.4.1.2　场外交易

水权场外交易可以采取多种方式，最为一般的是，水银行公布买入价和卖出价，水权转让方按照买入价将水权出售给水银行，水银行将库存的水权按照卖出价卖给购买者。在这种方式下，水银行起到了交易的媒介作用，这种业务实际上相当于水银行的自营业务。具体来讲，此类场外交易应该遵循以下程序：①水银行参照水权交易所的即时价格，结合市场供求状况，公布当天的买入价和卖出价。②用水户经黄河流域水权监管机构批准，按照买入价向水银行出售水权；购买方按照卖出价向水银行购入水权。③水权监管机构核准两种方向的交易，调整交割水量，核减或注销原来的取水许可证，颁发新的取水许可证。

7.4.2　黄河流域水权交易体系设计

在黄河流域建设和发展水市场、推动水交易的工作是一个系统工程，包括流域水权监督与机构管理的设置、流域交易场所以及其会员——水权公司设立等多个方面。

7.4.2.1　黄河流域的水权监管

黄河水利委员会是水利部的派出机构，国家授权其在黄河流域（片）范围内行使水行政管理职能。按照统一管理和分级管理的原则，统一管理本流域的河道。负责流域的综合治理，开发管理具有控制性的重要水工程，搞好规划、管理、协调、监督、服务，促进江河治理和水资源综合开发、利用与保护。但是，在实际操作过程中，存在着黄委同地方水利部门的管理冲突，主要表现在管理职权重叠、地方水利部门往往受地方利益的制约等问题。所以，必须将分散的职权集中起来，才能提高水资源管理的效率。而对于黄河流域内的地下水，目前还未在黄委的管辖范围内。根据以黄河流域为单元的水的自然属性和客观规律，水利部应授权黄委对其进行统一管理，对水权交易进行引导、服务、管理和监督，积极向社会提供信息，组织进行可行性研究和相关论证，对交易双方达成的协议及时向社会公示，对涉及公共利益、生态环境或第三方利益的，监管机构应当向社会公告并举行听证；制定各项法律法规、规章、办法等政策，依法对本流域内的水权交易实行监管。

监督与管理机构的建设。首先要明确监督主体。监督主体的选择有两个要求：一是监管与市场交易两个主体相分离，避免"既是运动员又是裁判员"的现象，这就要求黄委只能掌握监管权，而对于水权交易所的建立，要独立于黄委之外，按市场经济规律要求进行设立；第二个要求是多元化，即可以选择多个机构或团体对水权交易的实施进行监督，保证水权交易的公正性。监督的主体可以是各级地方政府的水行政主管部门、流域水权交易所、用水户协会等。

7.4.2.2　黄河流域水权交易所

黄河流域水权交易所，应经国家水权监管机构或黄河流域级别的水权监管机构等有关政府部门批准，由水利部和黄委共同出资设立。成立的黄河流域水权交易所具有法人资格，是制定水权交易所的业务规则，提供水权交易的场所和设施，组织和监督水权交易，管理和公布市场信息的一个不以盈利为目的，实行自律管理的企业的法人，是为水权交易提供服务的机构，依法对水权交易公开运作，是黄河流域水权交易市场的中心。水权交易所以注册为限对外承担有限责任。

黄河流域水权交易所以会员制的形式，吸纳经黄河流域水权监管机构批准的水权交易有限责任公司（简称为水权公司）为会员，组成自律性的会员制组织；水权公司在黄河流域的各省区以及地（市）、县、乡镇下设营业部，作为各交易者（用水户）买卖水权的代理人，进行水权买卖；交易者必须到各水权公司的营业部开立资金账户和办理指定交易。黄河流域水权交易所的最高权利机构是会员大会,理事会是执行机构,理事会聘请经理人员负责日常事务。

7.5　本章小结

本章根据黄河流域的基本情况和本书前面几章研究的成果,对黄河流域的水权制度、水权分配、水权交易以及水权监管等方面进行了研究。

(1) 对黄河流域目前的基本情况进行了分析。①黄河流域水资源利用现状为:一方面水资源供需矛盾日趋尖锐,未来黄河流域的缺水形势是相当严峻的;另一方面,存在严重缺水的情况下用水浪费、统一管理的体制和有效监督的机制尚未完全建立、用水管理粗放、水污染严重等问题,并且还存在影响水权分配和水权交易的突出问题(含沙量高、水沙异源、城市化)。②对黄河流域水资源分配准则和程序等水资源分配现状以及存在的主要不足,进行了分析,指出了黄河流域水权分配体系与管理机构现状及存在的主要问题。③对黄河水权转让现状、黄河流域(片)各省(区)水权转让现状等进行了研究,指出了流域水权交易现状中存在的主要问题。

(2) 对黄河流域水权制度进行了研究。黄河流域水权制度建设应符合我国的水资源所有权制度、所有权与使用权相分离制度等规定,因此,本章着重研究了黄河流域水资源的所有权以及行政管理权、使用权制度和水权交易制度;对水资源的使用权,重点从生态环境用水制度、用水管理制度、水资源可持续利用和论证制度、黄河流域部分水资源使用权制度的安排等方面进行了简要分析;对黄河流域的水权交易制度重点研究分析了临时水权交易制度、长期或永久水权交易制度、水权交易管理制度、地表水与地下水的相互转换制度等。

(3) 对黄河流域初始水权配置的优先位序、水权管理模式与水权配置体系建设等进行了研究。①黄河流域初始水权配置优先位序的分析。黄河流域用水浪费和水污染主要缘于水权缺位。为了解决黄河流域部分地区用水浪费与日趋严重的水污染问题,提高水资源的利用效率和实现水资源的可持续利用,以用水目的为标准对各类用水的级别进行了划分,对黄河流域初始水权配置的优先位序进行了界定;按照新制度经济学关于正式约束与非正式约束必须相容的原理,初步研究了黄河流域初始水权配置优先位序的规则。研究分析认为:根据以用水目的为标准确定的初始水权配置优先位序为"确保用水、基本情景用水、高情景用水"。②黄河流域水权管理模式与水权配置体系建设的分析。重点分析了"对基层引黄灌区或直接与用水户密切关联的供水工程，进行产权制度改革，实行股份制改造"的新的产权管理模式。③黄河流域水权配置体系和水权统一登记注册技术的管理。着重对"创建黄河流域水资源产权统一分配、统一登记注册管理的互联网技术"进行了分析。

　　（4）对黄河流域水权交易市场模式和水权交易体系设计进行了研究。①重点分析了黄河流域水权交易的场内交易、场外交易市场模式；②重点研究了黄河流域水权交易体系中的黄河流域的水权监管模式、黄河流域水权交易所性质与交易模式、水银行及其中介机构的建设以及黄河流域水权交易所中水权价格的形成。另外，对黄河流域水权交易所的公司性质进行了研究。

第 8 章　结论与展望

目前，我国水资源正面临着十分严峻的局面，水权交易与水市场还处于刚刚起步阶段。虽然我国正处于研究水权、水市场的热潮时期，但从理论体系的完整性来讲，国内水权理论的研究尚处于初始阶段。我国目前水权理论的研究远远落后于改革实践，并且相当薄弱。本书在广泛阅览国内外大量资料的基础上，经比较分析，从实践的角度对流域水权的配置、交易等制度以及技术方面进行了初步研究，从理论的角度对采取水环境资源产权制度创新防治水污染进行了初步分析。

8.1　主要结论与创新点

本书主要研究结论有：

（1）通过对美国、英国、澳大利亚、法国、日本、加拿大等一些发达国家以及智利、墨西哥等一些发展中国家的水资源所有权与使用权制度、水权配置制度、水权交易与水市场、法律准则和机构体系等方面的比较分析，有以下几点启示可以借鉴：我国还应立足于水资源所有权和使用权的分离，进行水权制度创新，重点是明晰水权；河岸权制度对黄河流域的水权分配具有适用性；水权分配制度演变应属渐进模式；水资源配置需要政府来调控，应建立基于平等参与的政治民主协商机制；水权交易制度是一种比较成熟和可行的水权制度，可以避免水资源利用中的"市场失灵"和"政府失灵"问题；墨累－达令河流域和维多利亚的水权管理与分配体系非常先进，并且墨累－达令河流域和黄河流域有许多相似之处，值得借鉴；国外水权管理和参与水权管理的机构，主要包括政府机构、社团、法庭、私营企业、用水户协会和灌溉区等，其管理模式值得引用。

（2）通过对流域水权制度的目标与原则、流域水权制度体系与制度安排等方面的研究，着重对流域水资源所有权与使用权相分离制度安排、初始水权配置制度安排、水权交易制度安排、水权监管制度安排进行了深入分析。在分析国外流域水权管理组织结构以及我国流域水权管理现状的基础上，提出了流域水权管理的组织形式。利用博尔腾·杨的讨价还价模型，来说明习俗在水资源分配过程中所起到的作用。

（3）关于流域初始水权配置，重点研究了初始水权配置优先位序的确定、初始水权配置模式的选择、初始水权配置的两步合成法、流域水权管理模式与水权配置体系建设等。对我国以用水目的为标准确定初始水权配置优先位序进行了重新界定，将初始水权配置的优先位序规则界定为：确保用水、基本情景用水、高情景用水等；根据正式约束与非正式约束必须相容，确定了初始水权配置优先位序的规则。为解决初始水权配置中要实现的公平、环境和效率三大目标，作者提出两步合成法，第一步行政配置，第二步拍卖，以此初始水权分配方法和机制实现三大目标的兼顾。阐述了流域水权配置体系建设的基本思路为：纵向分级、横向分类。

（4）对流域水权交易与流域水市场，临时水权交易下的竞价价格的形成，政府宏观管理在流域水市场中的调控，水权交易过程中的外部性问题及其解决等流域水权交易方面进行了研究。本章仅以流域为单元构建水权交易市场，并按场内正规的和场外非正规的流域水权交易市场的分类为主线，对水权交易市场和交易制度进行了具体详尽的构建。通过对场内正规的流域水权交易市场的构建、分析，得出如下结论，场内流域水权交易应采取流域水权交易所和会员制的形式。经分析认为，在我国流域水权市场的价格形成制度选择上，场内临时交易应实行竞价制度，而场外交易更适合选用做市商制度。

（5）对水环境资源产权制度创新防治水污染进行了理论分析。通过分析我国水污染现状的严重性和成因，着重分析了防治水污染的模式。经分析认为，在我国应通过水环境资源公共产权制度创新的水污染防治模式，即建立排他性的水环境资源的使用权制度和排污权交易制度，可以有效地防治水污染；并通过模型对水环境资源公共产权制度创新的流域水权制度框架下的水权交易、水污染物排放权交易进行了博弈分析。

（6）根据本书研究分析的成果，结合黄河流域情况，对黄河流域的水权制度、初始水权分配、水权交易以及水权监管等方面进行了研究。针对黄河流域用水浪费、多泥沙、管理体制等问题，研究了黄河流域水资源的所有权、行政管理权、使用权制度和水权交易制度；分析了黄河流域初始水权配置的优先位序、水权管理模式与水权配置体系建设；对黄河流域水权交易市场模式进行了研究，并对水权交易体系进行了设计。

本书主要创新点有：

（1）根据水资源的自身规律和不同流域水资源的稀缺性不同，提出并系统研究了流域水权制度，分析了流域水权制度的概念和流域水权制度的几个特征，对建立流域水权制度的目标与原则进行了深入分析，研究了流域水权制度体系与制度安排，并就流域水权制度中的有关内容（流域水资源的使用权制度、流域水权交易制度、流域水权监管等）进行了分析研究。

（2）本书对我国以用水目的为标准确定的初始水权配置优先位序，重新界定为："确保用水、基本情景用水、高情景用水"，根据正式约束与非正式约束必须相容的原理，初步研究确定了流域初始水权配置优先位序的规则。为了实现水权初始配置过程中公平、环境与效率，作者提出了采用两步合成法的初始水权配置方案：首先通过行政配置与协商相结合的分配机制，向用水户配置初始水权，以实现公平与环境问题；其次是将剩余的水量进行拍卖，通过拍卖途径来实现水权初始分配的利用效率。提出了流域水权配置体系建设的基本思路为：纵向分级、横向分类。

（3）本书系统研究了流域水权交易与流域水市场，提出以流域为单元建立水权交易所，流域水权交易所的公司性质为：其本身属公司制的不以营利为目的的法人，实行会员制，通过吸纳水权公司入会，组成自律性的会员制组织，是为水权交易提供服务的机构，依法对水权交易公开运作。

（4）本书分析了防治水污染的模式，通过对消除水污染外部不经济性的经济手段方式及其缺陷的分析，提出通过水环境资源公共产权制度创新的水污染防治模式——正确地界定水权及排污权，建立排他性的水环境资源的使用权制度和排污权交易制度，可以有效地防治水污染；并通过模型，对水环境资源公共产权制度创新的流域水权制度框架下的水权交易、水污染物排放权交易进行了博弈分析。

8.2　展望

由于受时间、经费和作者水平所限，本书取得的成果只能说是初步的。流域水权制度建设，作者认为在以下几方面尚需进一步研究：

（1）关于水权制度移植。虽然本书已总结出目前世界上几个成功的水权制度模式，但哪些模式适宜于中国，如何移植才能对我国水权制度的建立起到促进作用，需要进一步的研究和探索。

（2）水权制度分为正式约束、非正式约束及实施机制三个方面。人们判断一个流域水权制度是否有效，除了看这个流域的正式约束与非正式约束是否完善以外，更主要的是看这个流域水权制度的实施机制是否健全。离开了实施机制，那么任何流域水权制度尤其是正式约束，就形同虚设。本书虽然对流域水权制度的正式约束以及非正式约束进行了分析，但对实施机制没有深入研究，需要研究完善。

（3）本书虽然研究确定了初始水权配置优先位序和流域初始水权配置优先位序的规则，但初始水权配置的基础性研究——用水定额，本书没有涉及，进行初始水权分配，这是十分有必要研究并给予解决的。

（4）本书虽然提出了流域水权交易所的模式和利用互联网的技术手段进行水权交易，但对水权交易规则等正式约束研究的程度还不够，许多构想还必须经过实践的检验。有关水权交易制度、水市场的建立，还需要做很多的工作。

（5）本书认为利用产权管理模式是解决我国日趋严重的水污染问题的一个很好的办法，但对初始排污权如何分配、排污权如何交易以及排污权制度的建设，本书没有进一步研究，今后需要研究完善。

参 考 文 献

[1] 汪恕诚. 水权和水市场 [J]. 水电能源科学, 2001 (3): 1 - 5.

[2] 钱正英, 张光斗. 中国可持续发展水资源战略研究综合报告及各专题报告 [M]. 北京:中国水利水电出版社, 2001.

[3] [美] 曼昆. 经济学原理 (上册) [M]. 北京: 北京大学出版社, 1999, 中文版.

[4] 俞宪忠. 现代市场经济学 [M]. 济南: 山东人民出版社, 2000.

[5] 常云昆. 黄河断流与黄河水权制度研究 [M]. 北京: 中国社会科学出版社, 2001.

[6] 黎安田. 长江流域的水与可持续发展 [M]. 北京: 中国水利水电出版社, 1999.

[7] 孙广生, 乔西现, 孙寿松. 黄河水资源管理 [M]. 郑州: 黄河水利出版社, 2001.

[8] 中华人民共和国宪法 [S/OL]. 1982 (12). 网络版 .http: // www.molss.gov.cn/ correlate/xF.htm.

[9] 水利部政策法规司, 水法研究会. 中华人民共和国水法讲话 [M]. 北京: 中国水利水电出版社, 2002.

[10] 裴丽萍. 水权制度初论 [J]. 中国法学, 2001 (2): 90 - 101.

[11] 黄贤金, 陈志刚, 周寅康, 等. 水市场运行机制的国际比较及其对我国的启示 [J]. 国土资源, 2002 (6): 18 - 21.

[12] 胡振朋, 傅春, 王先甲. 水资源产权配置与管理 [M]. 北京: 科学出版社, 2003.

[13] 李晶, 等. 水权与水价——国外经验研究与中国改革方向探讨 [M]. 北京: 中国发展出版社, 2003.

[14] 肖乾刚. 自然资源法 [M]. 北京: 法律出版社, 1997.

[15] 崔延松. 中国水市场管理学 [M]. 郑州: 黄河水利出版社, 2003.

[16] 张岳. 关于中国建立水市场的几点认识和建议 [C] // 陈美章, 刘志强, 郑天伦. 中国水价、水权及水市场研讨论文集. 南京: 河海大学出版社, 2002.

[17] 黄河水利委员会. 黄河水权转换管理实施办法 (试行) [EB/OL] // 水利部黄河水利委员会黄水调〔2004〕18 号文件, 2004 (6). 黄河网. 网络版.

[18] 水利部水资源司, 水利部松辽水利委员会, 辽宁省水利厅. 辽宁省大凌河流域水资源使用权初始分配实施方案 (征求意见稿) [R]. 2004.6.

[19] 傅晨, 吕绍东. 水权转让的产权经济学分析 [N]. 中国水利报, 2001 - 09 - 13.

[20] Thomas J F. Water and the Australian economy. Australian Academy of Technological Sciences and Engineering, Parkville, Victoria.1999a.

[21] [美] 道格拉斯·C·诺思. 经济史中的结构与变迁 [M]. 上海: 上海三联书店, 1997.

[22] V·W·拉坦. 诱致性制度变迁理论 [M] // [美] R·科斯, A·阿尔钦, 等. 财产权利与制度变迁——产权学派与新制度学派译文集. 上海: 上海三联书店、上海人民

出版社, 2004.

[23] Commona, John. Institutional Economics. University of Wisconsin Press, 1961.

[24] Schlater, Allan. Analytical Institutional Economics: Challenging Problems in the Economics of Resources for a New Environment. American Journal of Agricultural Economics, 1972, 54: 893 – 901.

[25] North, Douglass C, Robert Thomas. The Rise and Fall of the Manorial System: A theoretical Model. Journal of Economic History, 1973 (12).

[26] 马晓强. 水权与水权的界定——水资源利用的产权经济学分析 [J]. 北京行政学院学报, 2002 (1): 37 – 41.

[27] North, Douglass C. 时间历程中的经济绩效 [M] // 道格拉斯·C·诺思, 等. 制度变革的经验研究. 北京: 经济科学出版社, 2003 (5).

[28] 谭崇台. 发展经济学概论 [M]. 武汉: 武汉大学出版社, 2003.

[29] [美] 道格拉斯·C·诺思. 西方世界的兴起 [M]. 北京: 学苑出版社, 1988.

[30] Alan Moran. Property Rights to Water Effects on Agricultural Productivity and the Environment [R]. IPA Backgrounder, Vol. 15/3, 2003.

[31] H. 登姆塞茨. 关于产权的理论 [M] // [美] R·科斯, A·阿尔钦, 等. 财产权利与制度变迁——产权学派与新制度学派译文集. 上海: 上海三联书店、上海人民出版社, 2004.

[32] Alchian A A, Demsetz, Harold, The Property Right Paradigm, Journal of Economic History, 1973, 16: 16 – 27.

[33] 卢现祥. 新制度经济学 [M]. 武汉: 武汉大学出版社, 2004.

[34] White, Andy. Conceptual Framework: Performance and Evolution of Property Rights and Collective Action, (MP 11). IFPRI: Washington. d. c. 1995.

[35] R.H. 科斯. 社会成本问题 [M] // [美] R·科斯, A·阿尔钦, 等. 财产权利与制度变迁——产权学派与新制度学派译文集. 上海: 上海三联书店、上海人民出版社, 2004.

[36] 平狄克, 鲁宾费尔德. 微观经济学 [M]. 北京: 中国人民大学出版社, 1997.

[37] [美] R·科斯, A·阿尔钦, 等. 财产权利与制度变迁——产权学派与新制度学派译文集 [C]. 上海: 上海三联书店、上海人民出版社, 1996.

[38] Demsetz, H. Information and Efficiency: Another Viewpoint [J], Journal of Law and Economics, 1969 (12).

[39] 卢现祥. 西方新制度经济学 [M]. 北京: 中国发展出版社, 2003.

[40] H. 登姆塞茨. 一个研究所有制的框架 [M] // [美] R·科斯, A·阿尔钦, 等. 财产权利与制度变迁——产权学派与新制度学派译文集. 上海: 上海三联书店、上海人民出版社, 2004.

[41] Hardin, Garrett. The Tragedy of the Commons [J]. Science 1968, 162.

[42] Robet Higgs. 管制自然资源：不合理产权的演进 [M] //道格拉斯·C·诺思，等. 制度变革的经验研究. 北京：经济科学出版社，2003.

[43] 理查德·伊利. 土地经济管理 [M]. 北京：商务印书馆，1982.

[44] 刘洪先. 国外水权管理特点辨析 [J/OL]. (2002 - 08 - 28) 水利发展研究，2002 (6)，水信息网 http：//www.hwcc.com.cn，网络版.

[45] [澳] 水改革高级指导小组. 澳大利亚水交易 [M]. 鞠茂森，张仁田译. 郑州：黄河水利出版社，2001.

[46] Huffaker R, et al. The role of Prior Appropriation in allocating water resources into the 21st century [J]. Water Resources Development, 2000, 16 (2).

[47] 陈兆开. 浅析水权理论的发展及对我国水权制度构建的意义 [J]. (2004 - 03 - 06) 中国水利水电市场，水信息网转载，http：//www.hwcc.com.cn.

[48] Coase, Ronald. The Problem of Social Cost. The Journal of Law and Economics, Volum Ⅲ, October 1960.

[49] Stephen Beare, Anna Heaney. Water trade and the externalities of water use in Australia. Commonwealth of Australia. 2002.

[50] 1992 International Conference on Water and the Environment: Developmental Issues for the 21 st Centery, Dublin, Ireland, Jan.1992.26-31.

[51] Serageldin, Ismail. Toward Sustainable Management of Water Resources. World Bank, 1995.15.

[52] Ed Willett. Reforming Rural Water Use: Benefits & Challenges. UTILICON - 6th National Water Conference, Melbourne Convention Centre, Melbourne. 2001.

[53] For a recent case study see Dyson, M. Scanlon, J. Trading in Water Entitlements in the Murray - Darling Basin in Australia - Realizing the Potential for Environmental Benefits, p14. IUCN ELP Newsletter Issue 1, available at: www.iucn.org/themes/law. 2002.

[54] Gazmuri R. Chilean Water Policy Experience. Ninth Annual Irrigation and Drainage Seminar, Santiago, Chile, Dec.9, 1992.

[55] Murphy J J, Howitt R E. The Role of Instream Flows in a Water Market. the World Congress of Resource and Environmental Economists, Venice, Italy. 1998.

[56] Tyler Hodge. Market Transfers for Water Supplied by The Bureau of Reclamation. US Bureau of Reclamation. 2000.

[57] 姜文来. 水资源价值论 [M]. 北京. 科学出版社，1998.

[58] Keller J and others. Water Police Innovation in California: Water Resources Management in a Closed Water System. Winrock International Institute for Agriculture Development, Center for Economic Policy Studies, Virginia, USA., Jan.1992.

[59] Henning Bjornlund, Jennifer Mckay. Factors Affecting Water Prices in a Rural Water Market: A South Australian Experience. Water Resources Research, Vol.34, No.6,

pp.1536 - 1570, june 1998.

[60] Shatanawi, Muhammad. Evaluating Market - Oriented Water Policies in Jordan: A Comparative Study. Water International, 1995 (20): 88 - 97.

[61] 苏青, 施国庆, 祝瑞样. 水权研究综述 [EB/OL]. (2002 - 07 - 11) 水利部政法司, 水信息网 http: //www. hwcc. com. cn.

[62] 王亚华, 胡鞍钢. 我国水权制度的变迁 [J]. 经济研究参考, 2002 (20): 25 - 31.

[63] 胡鞍钢, 王亚华. 从东阳—义乌水权交易看我国水分配体制改革 [J]. 中国水利, 2001 (6): 35 - 37.

[64] 盛洪. 以水治水——《关于水权体系和水资源市场的理论探讨和制度方案》的导论一 [EB/OL]. (2003 - 02 - 09) 中评网, 水信息网转载, http: //www. hwcc. com. cn.

[65] 许长新. 水权管理的一种经济学逻辑 [J/OL]. (2001 - 08 - 28) 中国水势网, 水信息网转载, http: //www. hwcc. com. cn.

[66] 崔建远. 水工程与水权 [J/OL]. (2004 - 11 - 01) 法律科学 (西北政法学院学报), 2003 (1), 中国民商法律网, 水信息网转载, http: //www. hwcc. com. cn.

[67] 熊向阳. 水权的法律和经济内涵分析 [J/OL]. (2001 - 06 - 25) 水利部政法司, 水信息网, http: //www. hwcc. com. cn.

[68] 蔡守秋. 论水权体系和水市场 (下) [J/OL]. (2005 - 01 - 24) 中国法学, 2001 (增刊), 中国民商法律网, 水信息网转载, http: //www. hwcc. com. cn.

[69] 吴季松. 水权转换试点的现实和法律、经济思考 [J]. 中国水利报, 2004 - 04 - 30 (网络版).

[70] 吴季松. 关于合理水价形成机制的理论探讨. 中国水利网, 水信息网转载, http: // www. hwcc. com. cn. 2003 - 07 - 30 (网络版).

[71] 董文虎. 浅析水资源水权与水利工程供水权 [J]. 中国水利, 2001 (2): 33 - 36.

[72] 董文虎. 不同经济性质水的配置原则和管理模式 [J]. 水利发展研究, 2002, (5): 1 - 6.

[73] 刘斌. 我国未来水权制度理论浅析 [J]. 水利发展研究, 2004 (1): 13 - 16.

[74] 石玉波. 关于水权与水市场的几点认识 [J]. 中国水利, 2001 (2): 31 - 33 (网络版).

[75] 黄河, 等. 水资源的不可专有性与水权 [N]. 中国水利报, 2000 - 11 - 08.

[76] 姜文来. 水资源资产论 [M]. 北京: 科学出版社, 2003.

[77] 水权制度框架研究课题组. 水权水市场制度建设 [J]. 水利发展研究, 2004 (7): 4 - 8.

[78] 李曦, 熊向阳, 雷海章. 我国现代水权制度建立的体制障碍分析与改革构想 [J/OL]. (2002 - 05 - 31) 水利发展研究, 2002 (4), 水信息网 http: //www. hwcc. com. cn.

[79] Ariel Dinar. Water allocation mechanisms - principles and examples [R] . Policy Research Working Paper 1779, 1997.

[80] Demsetz, Harold. Ownership, Control, and the Firm [M]. Oxford: Basil Balckwell. 1967.

[81] Mather, John Russell. Water Resources Development P276, Published by John Wiley & Sons, Inc. 1984. P281.

[82] Thomas J F. Water and the Australian economy: community summary April 1999. Australian Academy of Technological Sciences and Engineering, Parkville, Victoria. 1999b.

[83] 王亚华, 胡鞍钢, 等. 我国水权制度的变迁——新制度经济学对东阳—义乌水权交易的考察 [J]. 经济研究参考, 2002 (20): 25 - 31.

[84] 胡振鹏, 傅春. 水资源产权配置与管理 [J]. 南昌大学学报 (人社版), 2001 (10): 48 - 54.

[85] [美] Y. 巴泽尔. 产权的经济分析 [M]. 上海: 上海三联书店, 上海人民出版社, 1997.

[86] 黄少安. 产权经济学导论 [M]. 济南: 山东人民出版社, 1995.

[87] 杨建国, 聂华林. 水资源合理利用与均衡配置的产权制度改革 [J]. 内蒙古大学学报 (人文社会科学版), 2004 (5): 98 - 102.

[88] 英若智. 海河流域应率先建立水权制度 [J]. 海河水利, 2003 (6): 11 - 14.

[89] 尤爱华, 徐中民. 流域水资源初始产权界定初探——以黑河流域中游为例 [J]. 干旱区资源与环境, 2004 (3): 48 - 54.

[90] 彭立群. 水权及其交易 [J]. 湖南公安高等专科学校学报, 2001 (8): 56 - 59.

[91] 张郁, 吕东辉, 秦丽杰. 水权交易市场构想 [J]. 中国人口、资源与环境, 2001 (4): 59 - 61.

[92] 葛颜祥, 胡继连, 接玉梅. 黄河水权市场的建设及其作用研究 [J]. 中国农村经济, 2002 (4): 40 - 46.

[93] 吴恒安. 水价、水权和水市场 [J]. 水利科技与经济, 2001 (9): 17 - 21.

[94] 胡继连, 葛颜祥, 等. 水权市场的基本构造与建设方法 [J]. 水利经济, 2001 (6): 4 - 7.

[95] 党卫红, 杨玉农, 王勤. 水权交易和水市场 [J]. 水利发展研究, 2002 (11): 46 - 49.

[96] 苏青. 河流水权和黄河取水权市场研究 [D]. 南京: 河海大学, 2002.

[97] John R. Teerink and Masahiro Nakashima. 美国日本水权水价水分配 [M]. 刘斌, 等译. 天津: 天津科学技术出版社, 2000.

[98] World Bank. 水权交易市场—机构设置、运作表现及制约情况 [J]. 孟志敏译, 中国水利, 2000 (12): 37 - 41.

[99] 徐方军. 国外各国水资源配置方法的比较及建立水市场应注意的一些问题 [J]. 水利水电技术, 2001 (8): 6 - 8 (网络版).

[100] 赵卫. 澳大利亚水权制度 [J/OL]. (2001 - 07 - 04) 水信息网, http: //

www.hwcc.com.cn.

[101] Tan P. Agriculture and natural resource management in the Murray – Darling Basin: a policy history and analysis. Issues Paper No. 1. Legal issues relating to water use. Institute of Rural Futures, University of New England, Armidale, NSW. 2002.

[102] Reeve I, Frost L, Musgrave W & Stayner R. Overview Report—Agriculture and natural resource management in the Murray – Darling Basin: a policy history and analysis. Institute of Rural Futures, University of New England, Armidale, NSW .2002.

[103] Don Blackmore. Water Trading in the Murray – Darling Basin, A Critical Tool for Sustainable Water Use Murray. Proceedings of 1st International Yellow River Forum on River Basin Management. Volume IV. 2003, 381: 375 – 385.

[104] Charney A, Woodard G. Socioeconomic Impacts of Wter Farming on Rural Areas of Origin in Arizona . American Journal of Agricultural Economics. 1990. 72:1193 – 1199.

[105] Chang C, Griffin R. Water Marketing as a Reallocative Institution in Texas. Water Resources Research. 1992, 28:879 – 890.

[106] Dinar A, Letey J. Agricultural Water Marketing, Allocative Efficiency, and Drainage Reduction. Journal of Environmental Economics and Management. 1971, 20:210 – 223.

[107] A Maass , Anderson R. The Desert Shall Reioice: Conflict, Growth and Justice in Arid Environment. MIT Press Cambridge, Ma. 1978.

[108] DNRE – Department of Natural Resources and Environment (in conjunction with rural water authorities). The value of water: a guide to water trading in Victoria. Department of Natural Resources and Environment, East Melbourne. 2001.

[109] Armitage R M, Nieuwoudt W L, Backeberg G R. Establishing tradable water rights: Case studies of two irrigation districts in South Africa. Water SA, 1999, 25(3): 302.

[110] Young M, McDonald D H, Stringer R, et al. Inter – state water trading: a two year review. CSIRO Land and Water, Canberra. 2000. http: // www.mdbc.gov.au/naturalresources/policies_strategies/projectscreens/pdf/watertrade_2yr.pdf.

[111] MDBC. Murray – Darling Basin Agreement. Accessed. 2002. 9/12/02, http: // www.mdbc.gov.au/about/governance/_pdf_word/MDBAreement.pdf.

[112] Agriculture and Resource Management Council of Australia. Allocation and use of groundwater: a national framework for improved groundwater management in Australia. Task Force on COAG Water Reform Occasional Paper Number 2, Standing Committee on Agriculture and Resource Management, Canberra. 1996.

[113] Colby Saliba B and D Bush. Water Markets in Theory and Practice. Westview. Boulder, Co. 1987.

[114] Dinar A, et al. Water Allocation Mechanisms, Readings of the WRM Course. World Bank. 1998.

[115] Howe C W, et al. Innovative Approaches to Water Allocation: The Potential for Water Markets[J]. Water Resources Research, 1986,22(4).

[116] 杜长青. 宁夏黄河水权制度研究[J]. 市场经济研究, 2003(1):40-42.

[117] 张范. 从产权角度看水资源的优化配置[J]. 中国水利, 2001(6):38-39.

[118] 盛洪. 为什么制度重要[M]. 郑州:郑州大学出版社,2004.

[119] 罗伯特·希格斯. 管制自然资源:不合理产权的演进[M]∥制度变革的经验研究. 北京:经济科学出版社,2003.

[120] 李双杰,任志宏. 中国缺水问题的经济学分析. 首都经济贸易大学学报, 2002(1):17-20.

[121] 林毅夫,蔡昉,李周. 中国的奇迹:发展战略与经济改革[M].上海:上海三联书店、上海人民出版社,2003.

[122] 王新义. 对水权制度基本问题的思考[J]. 水利发展研究, 2003(8):18-20.

[123] 贾大林,姜文来. 试论提高农业用水效率[J]. 节水灌溉, 2000(5):18-21.

[124] 胡鞍钢,王亚华. 转型期水资源配置的公共政策:准市场和政治民主协商[J].经济研究参考, 2002(20):12-20.

[125] 杨彦明. 科罗拉多河水权分配的启示[J]. 水利发展研究,2004(9):46-49.

[126] Anderson T, Leal D. Building Coalition for Water Marketing. Journal of Policy Analysis and Management. 1989,8:432-455.

[127] 朱淑枝,吴能全. 论水权的起源及其管理[J].学术研究,2004(5):20-25.

[128] 顾浩. 基于水权理论的水资源经济管理初探[J].中国水利,2003(10):12-14.

[129] 卢现祥. 西方新制度经济学[M]. 北京:中国发展出版社,2004(2).

[130] 陈琴. 构建我国水权法律制度体系的初步设想[J/OL].(2003-10-17) 中国水利, 2003(7B)水信息网,http://www.hwcc.com.cn.

[131] Magan Dyson, Ger Bergkamp and John Scanlon. Flow-The Essentials of Environmental Flow. IUCN. Gland, Switzerland and Cambridge. UK, 2003.

[132] Stein R. Water Sector Reforms in Southern Africa: Some Case Studies in Hydropolitics in the Developing World: A Southern African Perspective .Turton and Hinwood Eds, 2002.

[133] Scanlon J. From Taking to Capping to Returning: The Story of Restoring Environment Flows in the Murray Darling Basin in Australia, SIWI Annual Conference .2002.

[134] The Swiss Water Protecttion Act. 24 January 1991. RO 1992 1860.

[135] Young H P. Individual Strategy and Social Structure: An Evolutionary Theory of Institutions. Princeton, NJ: Princeton University Press.1998.

[136] Yoder R. Locally managed Irrigation Systems: Suggestions for Management Transfer, Paper Present at International conference on Irragation Management Transfer, Wuhan, P.R.China,Sep.1994,20-24.

[137] 姜启源. 数学模型[M]. 北京:高等教育出版社,1987.

[138] 罗贞礼. 基于土地资源可持续利用的竞价拍卖政策博弈[J]. 国土资源导刊,2004 (3):11-13.

[139] William vickrey. Counters peculation, Auctions and Competitive Sealed Tenders [J]. Journal of Finance,1961,16(1):8-37.

[140] 张维迎. 博弈论与信息经济学[M]. 上海:上海三联书店、上海人民出版社,1997.

[141] 谢识予. 经济博弈论[M]. 2版. 上海:复旦大学出版社,2002.

[142] 赵连阁,等. 流域水资源准市场配置的内在条件与制度环境[J]. 沈阳农业大学学报 (社会科学版),2002(3):21-25.

[143] 胡雅梅,万众. 拍卖制度与做市商制度的比较及其制度含义[J]. 经济研究参考, 2002(91):40-48.

[144] 梁文. 做市商制度与竞价交易方式的比较分析[J]. 经济师,2004(5):123-124.

[145] Madhavan, Ananth. Trading Mechanisms insecurities Markets, Journal of Finance, XLVII, 1992,2:607-641.

[146] 刘逖. 证券市场微观结构理论与实践[M]. 上海:复旦大学出版社,2002.

[147] Burness H S, Quirk J P. Economic Aspects of Appropriative Water Rights, Journal of Environmental Economics and Management,1980, 7: 372-388.

[148] 萧代基,刘莹,洪鸣丰. 水权交易比率制度的设计与模拟[J]. 经济研究,2004(6): 69-77(网络版).

[149] 黄解宇. 市场化是解决水污染蔓延的根本途径[J]. 生态经济, 2001(11):15-19.

[150] 刘晓磊. 江苏省太湖流域开展水污染物排污权交易的思考[J]. 环境导报,2003(9): 23.

[151] 陈树荣. "二氧化硫排放交易"试点在七省市展开[N]. 人民日报, 2002-05-31(2).

[152] 杨展里. 水污染物排放权交易技术方法研究[D]. 南京:河海大学, 2001.

[153] Steve Beare, Jikun Huang, David Molden, et al. Institutions and Policies for Improving Water Allocation and Management in the Yellow River Basin. CCAP, ABARE, IWMI, Nov. 2001.

[154] 水利部黄河水利委员会水政局,清华大学公共管理学院. 转型期中国水资源产权研究报告[R], 2003.

[155] 尚宏琦. 现代流域管理探索——首届黄河国际论坛技术总结[R]. 郑州:黄河水利出版社, 2004.

[156] 刘耀. 关于黄河水权问题的几点认识[C]//郑天伦. 中国水价、水权及水市场研讨论文集. 南京:河海大学出版社, 2002.

[157] ADB, TA3708专家组. 亚行 TA 3708-PRC《黄河法》战略规划研究[R]. BRL Ingenieric 提交:亚洲开发银行,中华人民共和国,黄河水利委员会, 2004.